工业和信息化
精品系列教材

Java
程序设计
案例教程

微课版 第2版

胡运玲 王海燕 武洪萍◎主编

任石 韩凤文 王晓辰◎副主编　王茹香◎主审

人民邮电出版社

北 京

图书在版编目（CIP）数据

Java 程序设计案例教程：微课版 / 胡运玲，王海燕，武洪萍主编. -- 2 版. -- 北京：人民邮电出版社，2025. -- （工业和信息化精品系列教材）. -- ISBN 978-7-115-66474-7

Ⅰ. TP312.8

中国国家版本馆 CIP 数据核字第 2025N0B049 号

内 容 提 要

Java 作为编程界的常青树，从大型项目的核心架构，到企业的快速开发，都占据技术的核心地位。本书以山东省职业教育精品资源共享课程为建设基础，以省级名师工作室为依托，由山东省高校黄大年式教师团队核心人员组成课程开发团队开发，凸显职业教育的类型特点。

本书采用项目引领、任务分解、任务实践、项目实施、项目实训的模式编写，包括 9 个项目：迎新电子屏的制作——Java 概述、学生"画像"——Java 语法基础、猜数字游戏——Java 流程控制、空气质量分析——数组、助农超市购物程序——面向对象基础、垃圾分类程序——面向对象高级、异常考试成绩的处理——异常处理、年龄计算器——常用 Java API、词频统计——集合框架类。每个项目通过情景导入引出教学内容，明确学习目标。在知识点的介绍中配有生动有趣的任务实践，以帮助读者达到学以致用的目的。

本书可作为职业院校或应用型本科院校计算机相关专业 Java 程序设计课程的教材或教学参考书，也可作为广大计算机从业者和爱好者的学习参考用书。学习完本书内容，读者既可以继续学习软件开发相关的 Java Web 和框架技术，也可以学习大数据、云计算相关的开发及运维技术。

◆ 主　编　胡运玲　王海燕　武洪萍
　　副主编　任　石　韩凤文　王晓辰
　　责任编辑　马小霞
　　责任印制　王　郁　焦志炜

◆ 人民邮电出版社出版发行　　北京市丰台区成寿寺路 11 号
　　邮编　100164　　电子邮件　315@ptpress.com.cn
　　网址　https://www.ptpress.com.cn
　　三河市君旺印务有限公司印刷

◆ 开本：787×1092　1/16
　　印张：15.25　　　　　　　　　　2025 年 7 月第 2 版
　　字数：396 千字　　　　　　　　2025 年 7 月河北第 1 次印刷

定价：59.80 元

读者服务热线：(010)81055256　印装质量热线：(010)81055316
反盗版热线：(010)81055315

前 言

本书第 1 版自 2022 年 1 月出版以来，受到高校师生的认可。本书的编排深入浅出、通俗易懂，项目来源于企业的真实应用场景，具有较强的实用性。根据读者的反馈信息和最新的企业调研结果，编者对第 1 版的内容做了优化，更加凸显职业教育的类型特点，帮助读者达到学以致用的目的。

Java 作为面向对象编程语言的代表，已逐步发展为企业的 Web 开发标准语言，并在大数据和云计算技术领域发挥着重要作用。在各大编程语言排行榜中，Java 近年来一直稳居前列。在软件技术、计算机应用技术、大数据技术、云计算技术等专业领域，Java 被作为编程的入门语言。同时，许多编程爱好者也选择 Java 作为他们的入门语言。

为贯彻党的二十大精神，全面落实立德树人的根本任务，编者在本书及配套资源的开发中融入社会主义核心价值观、中华优秀传统文化、程序员职业素养、大国工匠精神、创新思维等育人要点，将价值塑造、知识传授和能力培养三者融为一体。

本书的编写团队拥有多年的 Java 教学经验。本书以山东省职业教育精品资源共享课程、省级名师工作室、市级课程思政精品课程建设为基础，综合企业调研结果和 1+X 证书评价考核的标准，精心编撰而成。

一、主要内容

本书的内容设计做到了"四化原则"，即项目案例趣味化、知识模块化、编程技能系统化、素养育人体系化，促进读者德技并修。本书设计了 9 个具有全方位育人特色的项目（知识模块）：前 4 个项目为学习 Java 的基础知识而设计，项目 5~7 详细介绍 Java 面向对象的特点和异常处理，项目 8~9 介绍 Java 的常用 API 和集合框架类。此外，本书还设计了一个综合项目——网上点餐管理系统，介绍了企业项目开发流程并将 Java 基础知识进行系统应用，以电子版的形式提供给读者，具体内容可从人邮教育社区网站获取。本书主要内容如图 1 所示。

二、主要特色

（1）内容编排上实现了立德树人和技术技能育人"红蓝"双线的育人模式。

本书以三全育人精神为指导，结合企业调研得到的职业核心素养要求和岗位能力需求，针对读者的学习规律，在每个项目（知识模块）开始时提出项目的项目目标；在项目展开中，不仅设计任务和任务实践内容，还自然地融入素养育人要素；在项目结束时，进行自我检测，实现素养育人与技术技能育人同向同行。

（2）校企合作开发，项目选取、任务设计符合育人规律，凸显职业教育的类型特点。

本书包含 9 大项目、42 个任务技能模块，并同步配套 9 个项目实践和 50 个任务实践，形成"单点技能→模块能力→系统思维"进阶链条。

项目设计	知识模块	项目目标
项目1 迎新电子屏的制作	Java概述	知识能力：了解Java的相关知识，掌握开发环境搭建、Java程序的编写和运行步骤等。 素养目标：培养严谨细致的工匠精神。
项目2 学生"画像"	Java语法基础	知识能力：掌握变量的定义与使用，常用的数据类型，输入输出方法和常用的运算符等。 素养目标：掌握良好的编程规范，增强健康意识。
项目3 猜数字游戏	Java流程控制	知识能力：掌握分支结构、循环结构，方法的定义与调用等。 素养目标：培养正确的人生观和价值观，传承精益求精的工匠精神。
项目4 空气质量分析	数组	知识能力：掌握数组的定义与使用，元素的访问、移动，常用的排序方法等。 素养目标：培养数据分析思维能力，养成良好的环保意识。
项目5 助农超市购物程序	面向对象基础	知识能力：熟悉面向对象编程的主要特征，掌握类与对象的定义，掌握继承的应用等。 素养目标：增强承担社会责任的意识，培养创新思维能力。
项目6 垃圾分类程序	面向对象高级	知识能力：掌握抽象类的定义与使用、接口的定义与使用、Java多态的应用等。 素养目标：强化道德规范，培养人与自然和谐共生的理念。
项目7 异常考试成绩的处理	异常处理	知识能力：了解异常的概念，掌握异常的捕获与处理方法等。 素养目标：培养问题解决能力、持续学习和自我提升能力。
项目8 年龄计算器	常用Java API	知识能力：掌握字符串类、日期时间类的应用等。 素养目标：强化数据安全意识，提升时间管理能力。
项目9 词频统计	集合框架类	知识能力：掌握Java集合框架类List、Set和Map的特点和应用等。 素养目标：培育爱国情怀，建立数据分析思想。
* 综合项目——网上点餐管理系统	Java基础知识的综合应用	知识能力：掌握软件开发的流程和Java基础知识的综合运用。 素养目标：培养团队合作意识和工匠精神。

图 1　本书主要内容

本书采用的项目经过校企专家论证，深入浅出，注重项目的系统化和知识的碎片化。每个项目对应一个知识模块，每个项目又分解成若干任务，并设计了对应的任务实践，每个项目后又有相应的项目实践，实现了理论和实践一体化，让读者在学习一个知识点后能立即学以致用。同时，本书还提供方便授课老师使用的"工单式"教案。

（3）立体化资源丰富。

为了便于教学，本书配有微课视频、教学课件、例题源码、考试题库等资料，所有例题源码都在 Java SE 8.0 环境下编译通过并成功运行。读者可从人邮教育社区网站（www.ryjiaoyu.com）下载。

同时，本书配套的课程已在智慧职教、超星等平台开课，配有丰富的线上资源。为了方便教师开展课程教学研讨，教材开发团队组建了虚拟教研室进行云端教研，如有需要请发邮件到电子邮箱：414369846@qq.com。

本书由山东信息职业技术学院的胡运玲、王海燕、武洪萍任主编，任石、韩凤文、王晓辰任副主编，王茹香任主审。参加本书编写工作的还有王建、孙灿、刘军和王思艳。特别感谢浪潮数字（山东）建设运营有限公司提供的技术支持。

由于编者水平有限，书中难免有不足之处，敬请广大读者批评指正。

编　者
2024 年 12 月

目　录

项目 3

猜数字游戏——Java 流程控制 …… **51**

项目 4

空气质量分析——数组 ………… **81**

项目 5

助农超市购物程序——面向对象基础 ············ 109

项目 6

垃圾分类程序——面向对象高级 ············ 138

项目1
迎新电子屏的制作
——Java概述

01

情景导入

新的学期拉开帷幕，张思睿怀抱着对未来的美好憧憬踏进了校园的大门。在新学期，他要学习新知识——Java，一门主流的面向对象编程语言，张思睿将开启他的 Java 学习之旅。

初次接触 Java，张思睿觉得有些迷茫，Java 可以做些什么呢？通过和老师交流，张思睿了解到 Java 可以开发各种系统，编写各种软件，其中就包括很多同学喜欢的游戏软件。另外，Java 在移动应用程序开发、数据库开发、网络通信、大数据处理、云计算、物联网和人工智能方面都有重要的应用，可以说涵盖了当前社会生活的各个重要领域。

Java 如此"多才多艺"，让张思睿兴奋不已，他迫不及待地想要尝试一番。当然，他也告诫自己——千里之行，始于足下，再高深的知识也要从基础学起。作为刚入学的新生，面对来自各地的新同学，张思睿打算用 Java 为大家献上一份特别的礼物——制作一个欢迎新生的电子屏。

接下来，让我们与张思睿一同学习如何制作这个迎新电子屏吧！

项目目标

- 了解 Java 的相关知识。
- 掌握 Java 开发环境的搭建。
- 掌握主流集成开发环境的安装与使用。
- 掌握 Java 程序的编写和运行步骤。
- 培养严谨细致的工匠精神。

知识储备

任务 1.1 了解 Java 的发展

微课 1-1

Java 的发展史

计算机系统由硬件和软件两部分组成，硬件部分是一些物理组件的集合，软件部分是一些数据和指令的集合。计算机硬件的性能特点几乎都是通过计算机软件体现出来的。计算机软件由程序、数据和文档 3 部分组成。其中，程序是软件的核心。在编写程序之前，首先需要选择一种计算机语言。

1.1.1　计算机语言的发展史

计算机语言（computer language）是人与计算机通信的工具，它主要由一些指令组成，这些指令包括数字、符号和语法等内容。程序员可以通过这些指令来指挥计算机进行各种工作。计算机语言的主要功能是实现人与计算机的交互。

计算机语言的发展也是伴随着计算机硬件和软件的发展进行的。到目前为止，计算机语言的发展经历了 3 个阶段，即机器语言、汇编语言和高级语言，这也是计算机语言常见的 3 种分类。

（1）机器语言

机器语言是使用二进制代码表示指令的语言，它是计算机硬件系统可以直接识别，并且能够真正理解和执行的唯一语言。

机器语言的优点是不需要编译，运行效率高、速度快；缺点是难读、难懂、难记，不利于开发人员使用。

机器语言也称为低级语言或者第一代语言。

（2）汇编语言

汇编语言是一种面向微处理器、微控制器等编程器件的计算机语言，它使用一些简单的字母和单词表示指令。计算机不同，汇编语言指令对应的机器语言指令集也不同。

汇编语言的优点是计算机相关性强，运行效率较高；缺点是可读性差，移植性差，应用范围较窄。

汇编语言也称为中级语言或者第二代语言。

（3）高级语言

高级语言比较接近于人类的自然语言，它与计算机硬件无关，拥有自身特定的符号和语法规范。程序员通过这些符号和语法规范来描述算法，编写程序，指挥计算机硬件工作。

高级语言数量繁多，可以分为以 C 语言为代表的面向过程语言和以 Java 为代表的面向对象语言。

高级语言的优点是可读性强，易于学习，语法规范严谨，算法描述完整，功能较强；缺点是程序需要编译，运行速度相对较慢。

1.1.2　Java 的发展史

Java 是由 Sun 公司推出的一种面向对象的程序设计语言。20 世纪 90 年代，电子产品发展迅速，提高电子产品的智能化水平成为各个公司关注的焦点。为了抢占市场先机，Sun 公司成立了以詹姆斯·高斯林（James Gosling）为首的名为格林（Green）的项目小组，致力于研发家电产品上的嵌入式应用新技术，最终于 1991 年开发了一种名为 Oak 的面向对象语言，在 1995 年将该语言更名为 Java。1996 年 1 月，Sun 公司发布了 Java 1.0，它包含两个部分——Java 运行时环境（Java Runtime Environment，JRE）和 Java 开发工具包（Java Development Kit，JDK）。

1998 年 12 月，Sun 公司发布了 Java 发展史上一个重要的 JDK 版本——JDK 1.2，并开始使用"Java 2"这一名称。

2009 年，Sun 公司被 Oracle（甲骨文）公司收购，Java 及相关平台工具仍然作为其主要产品被不断完善和推广。2017 年 9 月，Oracle 公司发布了 JDK 1.9，并同时宣布以后将 JDK 的更新频率改为每半年发布一个新版本。

1.1.3　Java 的主要特点

Java 具有以下主要特点，读者可以在以后的学习中加以体会。

（1）简单易学

Java 是一种相对简单的编程语言，是在 C 语言和 C++的基础上创建的。它借鉴了 C 语言和 C++的很多内容，但是将 C 语言和 C++中难以理解、容易混淆和容易产生二义性的内容（包括多继承、指针等）去掉了。这样使 Java 更加简洁，方便开发人员学习、掌握。

微课 1-2

Java 的特点
和体系分类

（2）解释型

Java 是一种解释执行类型的编程语言。Java 源程序编译之后不会生成可直接执行的机器语言指令，而是生成一种字节码（byte-code）文件，然后由 Java 虚拟机（Java Virtual Machine，JVM）解释执行。

相对于编译型语言，作为解释型语言的 Java 运行速度慢，但是它可以在任何搭载了 Java 解释程序和运行时系统（runtime system）的系统上运行，从而实现跨平台运行。

（3）面向对象

与以 C 语言为代表的面向过程编程语言不同，Java 是一种面向对象编程语言。面向对象既是一种思想，又是一种模式，它还是软件行业的一次"技术革命"，大大提升了程序员的开发能力。

在面向对象的系统中，以对象为中心，以消息为驱动。面向对象使得 Java 能够自动处理对象的引用，用户不必纠结于存储管理问题，可以把更多的时间和精力用在研发上，提高开发效率和质量。

（4）平台无关性

使用 Java 编写的程序既可以在 Windows 操作系统上运行，又可以在 Linux 等操作系统上运行。这是因为 Java 程序经过编译后生成的字节码文件是运行在 Java 虚拟机上的，针对不同的操作系统安装对应的 Java 虚拟机即可。

（5）安全稳健

Java 摒弃了指针的概念，这样就可以杜绝内存的非法访问。Java 的异常处理机制可以使程序更加健壮。另外，Java 的垃圾回收机制可以在空闲时间不定时地动态回收无任何引用的对象所占据的内存空间。这些措施使 Java 成为目前世界上最安全、最稳健的程序设计语言之一。

（6）多线程

线程包含在进程之中，是操作系统能够进行运算和调度的最小单位。Java 提供了 Thread 类和 Runnable 接口，拥有多线程处理能力，可以在同一时间处理不同的任务，增强了交互性和实时性。

1.1.4　Java 体系的分类

从严格意义上讲，Java 不仅是指一种语言，还包括完整的开发 Java 程序的平台环境。该环境提供了开发与运行 Java 软件的编译器等开发工具、软件库及 Java 虚拟机等。Java 平台有 3 个版本，分别是适用于桌面系统的标准版、适用于创建服务器应用程序和服务的企业版，以及适用于小型设备和智能卡的微型版。针对不同的市场和服务，软件开发人员、服务提供商和设备生产商可以做不同的选择。

（1）Java 标准版

Java 标准版（Java Standard Edition，Java SE）是 Java 平台标准版的简称，它是 3 个平台的核心和基础，可以用来开发和部署桌面、服务器以及嵌入式设备和实时环境中的 Java 应用程序。Java SE 主要包括 JDK、JRE，以及支持 Java 的核心类库，如 UI、集合、异常、线程、I/O 流、数据库编程、网络编程等。

（2）Java 企业版

Java 企业版（Java Enterprise Edition，Java EE）是为了解决企业级应用程序的开发、部署和管理等复杂问题而设置的。Java EE 在保留 Java SE 特性的同时，还提供了对其他技术的支持，包括企业级 JavaBean（Enterprise JavaBean，EJB）、Servlet、Java 服务器页面（Java Server Pages，JSP）和可扩展标记语言（eXtensible Markup Language，XML）等。

（3）Java 微型版

Java 微型版（Java Micro Edition，Java ME）是为机顶盒、移动电话和个人数字助理（Personal Digital Assistant，PDA）之类的嵌入式消费电子设备提供的 Java 平台，包括 Java 虚拟机和一系列标准化的 Java 应用程序接口（Application Program Interface，API）。所有的嵌入式装置大体上分为两种：一种是运算能力有限，电力供应也有限的嵌入式装置（如 PDA、手机）；另一种则是运算能力相对较强，并且在电力供应上相对充足的嵌入式装置（如冷风机、电冰箱、机顶盒）。Java MF 有自己的类库，还包括用户界面、安全模型、内置的网络协议以及可以动态下载的联网和离线应用程序。

借用 Java 可以编写安卓（Android）手机上的应用（Application，App）；可以实现大型网站的后端开发，如电商交易平台的后端开发；可以开发企业级的大型应用，如大型企业管理系统等。另外，Java 技术在通信、金融等领域应用广泛。不仅如此，Java 在大数据开发方面也有很大的优势，目前流行的很多大数据框架是用 Java 编写的。Java 还是开发人工智能应用程序的绝佳语言。

九层之台，起于累土。无论做什么事情，夯实基础至关重要，没有扎实的基础知识储备，就难以在所在领域进行深入研究。通过本书的学习，读者可以掌握 Java 相关技术，提高编程技能，为进一步发展打好基础。

【任务实践 1-1】 初识 Java 程序

【任务描述】
阅读下面的 Java 程序，认识其结构，分析其功能。

【任务分析】
（1）阅读 Java 程序，看它由哪些元素构成。

（2）分析其实现的功能。

【任务实现】
```
public class 任务实践1_1 {
  public static void main(String[] args) {
```

```
    System.out.println("欢迎新同学！");
  }
}
```

计算机只能识别二进制数据，并不能直接执行 Java 源文件。为此，我们需要一个"翻译官"，将 Java 源文件"翻译"成计算机可以识别的格式。接下来，我们将介绍这一"翻译官"——JDK 的安装与配置。

任务 1.2　Java 开发环境的搭建

JDK 是 Java 开发工具包，它包含 Java 的编译和运行工具、Java 文档生成工具、Java 文件打包工具等。1996 年，Sun 公司发布了 JDK 1.0，之后又陆续推出了各种升级版本，包括 JDK 1.1、JDK 1.2 等。目前，JDK 1.6/Java 6.0、JDK 1.7/Java 7.0、JDK 1.8/Java 8.0 的应用都比较广泛。

JRE 是 Java 运行时环境，负责运行 Java 程序。JRE 只包含 Java 运行工具，不包含 Java 编译工具。需要特别提到的是，JDK 自带了 JRE 工具。因此，我们安装 JDK 即可，不需要单独安装 JRE，这样可以简化开发环境的搭建步骤，方便使用。

微课 1-3

JDK 的下载安装及目录介绍

1.2.1　JDK 的下载与安装

读者可以从 Oracle 官方网站下载 JDK 安装文件，根据自己计算机的操作系统版本选取 JDK 版本。各种版本的 JDK 的安装和配置步骤都是相似的，下面以 64 位 Windows 10 操作系统和 JDK 1.8 为例，演示 JDK 的下载与安装步骤。

（1）下载 JDK

下载适合自己计算机操作系统的 JDK 安装文件，本案例选取的是 JDK 1.8，安装文件为"jdk-8u40-windows-x64.exe"。双击安装文件，进入 JDK 安装界面，如图 1-1 所示。

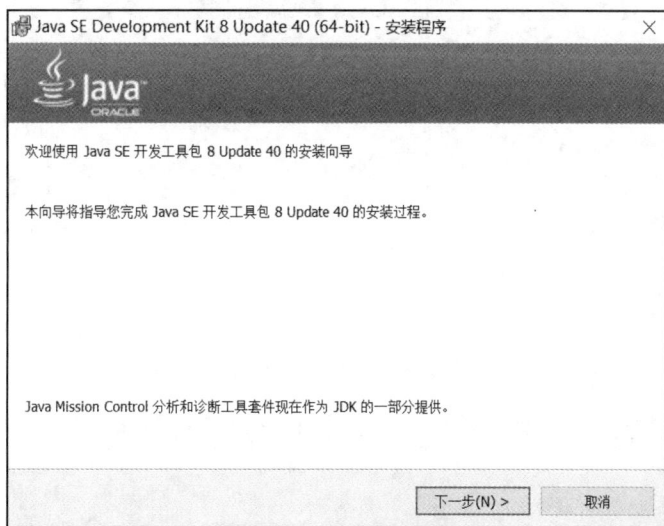

图 1-1　JDK 安装界面

（2）JDK 的安装

JDK 的安装过程很简单，如果使用默认安装路径，单击每个界面的【下一步】按钮即可。

① 单击【下一步】按钮，进入 JDK 定制安装界面，如图 1-2 所示。

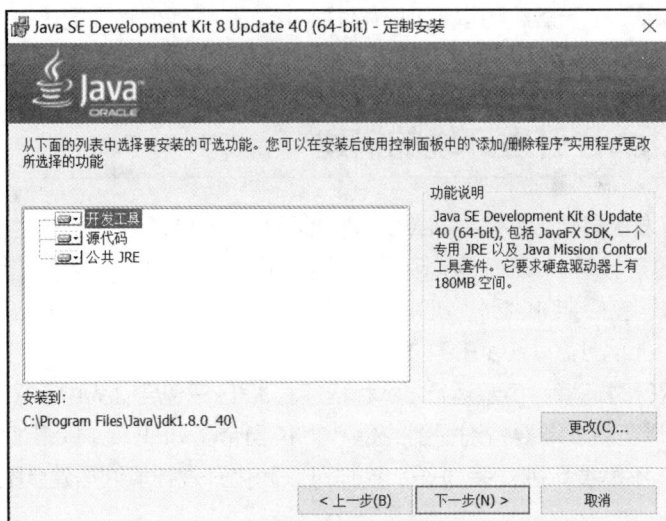

图 1-2　JDK 定制安装界面

JDK 定制安装界面左侧有 3 个功能模块，单击其中某个模块，会有相应的功能说明，开发人员可以根据自己的需求选择安装模块，一般不做修改，默认即可。

② 单击【下一步】按钮，进入 JDK 安装进度界面，如图 1-3 所示。

图 1-3　JDK 安装进度界面

③ JDK 的安装需要一段时间，然后会进入 JDK 安装完成界面，单击【关闭】按钮即可完成 JDK 的安装。

（3）JDK 安装目录简介

JDK 安装完成之后，打开安装路径，会看到安装好的 jdk 和 jre 文件夹。如果选择默认安装路径，打开 C:\Program Files\Java，即可看到这两个文件夹，文件夹名称中具体的版本数字与所下载的 JDK 版本对应。

Java 开发环境的核心工具包是 JDK，下面对 jdk 文件夹的内容进行简要介绍。

① bin 文件夹：存放一些可执行程序，分别实现不同的功能，包括 javac.exe（Java 编译程序）、java.exe（Java 运行程序）和 javadoc.exe（Java 文档生成程序）等。

② include 文件夹：包含 C 语言的一些头文件，因为 JDK 是通过 C 语言和 C++实现的，因此启动时需要引入这些头文件。

③ jre 文件夹：Java 运行时环境的根目录，包括 Java 虚拟机以及 Java 程序运行时的各种类库等。

④ lib 文件夹：lib 即 library 的缩写，该文件夹是 Java 类库文件夹。

1.2.2　环境变量的配置

微课 1-4

环境变量配置

JDK 安装结束之后，需要手动对 Path 这一系统环境变量进行配置，以方便后期 Java 程序开发。

① 用鼠标右击桌面上的【此电脑】图标，然后在弹出的快捷菜单中依次单击【属性】→【高级系统设置】→【环境变量】按钮，在弹出的"环境变量"对话框中选中【Path】系统环境变量，如图 1-4 所示。

图 1-4　"环境变量"对话框

② 单击【编辑】按钮，进入"编辑环境变量"对话框，单击【新建】按钮，在下方添加前面 JDK 安装的 bin 文件夹的路径 C:\Program Files\Java\jdk1.8.0_40\bin，如图 1-5 所示，然后单击【确定】按钮。

> **注意** Path 是一个系统环境变量，主要用来保存若干路径。当我们在"命令提示符"窗口中运行某个可执行文件时，系统首先会在当前目录查找该文件，如果文件存在即可执行；如果不存在，则会在 Path 系统环境变量中已定义的路径下继续寻找，如果找到文件即可执行，如果还没有找到则会报错。我们在 Path 系统环境变量中添加 Java 的 bin 文件夹的信息，就是为了后期可以在"命令提示符"窗口中使用 javac 和 java 命令。

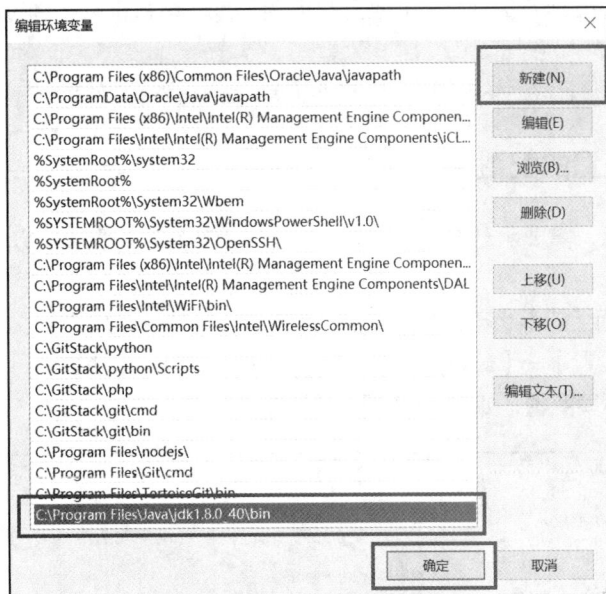

图 1-5 "编辑环境变量"对话框

1.2.3 安装环境的测试

打开"命令提示符"窗口，在窗口中输入命令"java -version"，按【Enter】键，会显示当前安装的 JDK 版本信息，如图 1-6 所示。

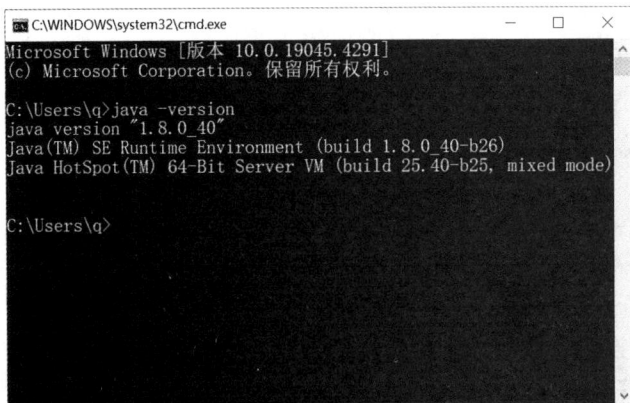

图 1-6 "命令提示符"窗口

读者可以自行比较显示的版本信息与前期安装的版本信息是否一致。如果没有问题，也可以尝试执行 bin 文件夹下的其他命令，看看效果。读者现在可能对这些命令的功能还不是很了解，但是只要能够执行命令，并且没有提示错误信息，就证明前期开发环境的搭建与配置工作已经顺利完成。

任务 1.3　编写第一个 Java 程序

在 Java 开发环境搭建并配置好之后，我们可以编写一个简单的 Java 程序，以此明确 Java 源程序的编写、编译和解释执行的流程。

微课 1-5

编写第一个 Java
程序

1.3.1　Java 源程序的编写

由于 JDK 没有提供 Java 编辑器，因此读者可使用记事本、UltraEdit 等编辑器或开发工具进行源程序的编辑。下面以 Windows 操作系统自带的记事本为例，编写第一个源程序。

首先，新建一个文本文件，在文件中输入以下内容。

```
public class HelloWorld {
    public static void main(String[] args){
        System.out.println("Hello,World!!!");
    }
}
```

然后将该文件另存为 HelloWorld.java（注意，扩展名".java"中的字母全部为小写字母）。

> **注意**　上述程序的标点符号全部为半角状态，单词字母的大小写按照程序书写。在后面的学习过程中，本书将会对其中的关键字和书写规范进行详细介绍。

1.3.2　Java 程序的编译

打开"命令提示符"窗口，切换到 HelloWorld.java 文件所在的目录，如图 1-7 所示。

图 1-7　切换当前目录到 HelloWorld.java 所在的目录

输入"javac HelloWorld.java"命令，按【Enter】键，执行编译命令界面如图1-8所示。

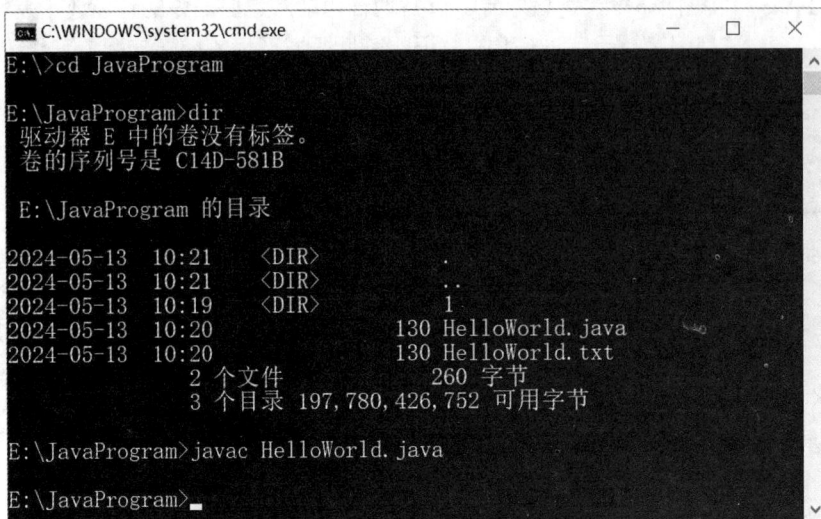

图1-8　执行编译命令界面

如果运行结果如图1-8所示，没有提示任何错误信息，那么读者可以到保存HelloWorld.java的目录查看生成的HelloWorld.class文件，如图1-9所示。

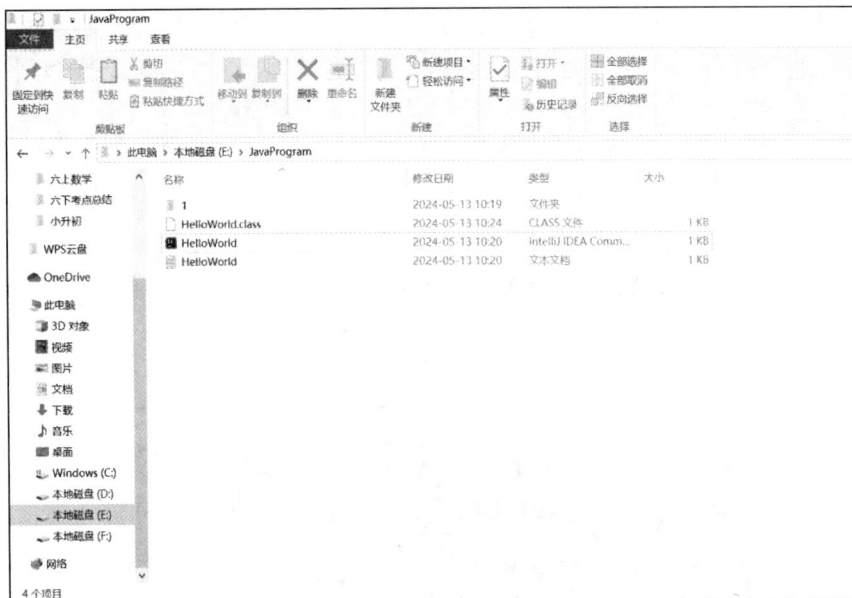

图1-9　查看HelloWorld.class文件

HelloWorld.class就是HelloWorld.java编译之后的文件，即字节码文件，这两个文件的名称完全相同。

> **注意**　如果编译过程提示错误信息，一般都是指代码输入错误，注意单词拼写和字母大小写的问题。

1.3.3　Java 程序的解释执行

编译成功之后，继续在"命令提示符"窗口中输入"java HelloWorld"，按【Enter】键，就可以看到执行结果，显示"Hello,World!!!"，如图 1-10 所示。

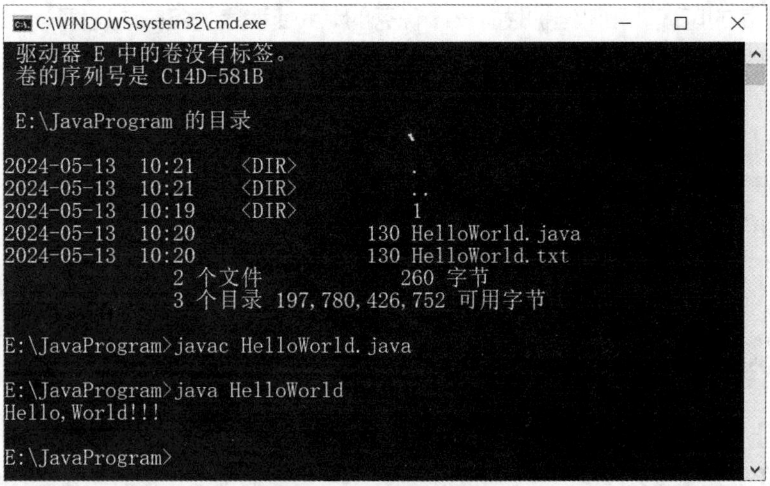

图 1-10　显示执行结果

> **注意**　执行编译命令"javac HelloWorld.java"的时候，需要带扩展名".java"；运行命令"java HelloWorld"时，不需要带扩展名".class"。

1.3.4　Java 程序的编写规则

Java 程序在编写时要符合 Java 程序的语法规范和编写规则，在项目 2 中会详细介绍标识符等语法规范。

（1）Java 源文件

Java 源文件以".java"为扩展名，源文件的基本组成部分是类（class）。一个文件中可以包含多个类，但最多只能有一个用 public 修饰的类，文件名要与用 public 修饰的类名相同。

（2）方法

一个 Java 类中可以包含多个方法，其中，Java 程序的执行入口是 main( )方法，它有固定的格式。

public static void main(String[] args) {…}

（3）Java 语法规范

Java 严格区分大小写，比如"String"与"string"是不同的。Java 语句以英文半角输入法下的分号";"作为结束标志。

（4）Java 注释

为了确保系统源程序的可读性，最大限度地提高团队开发的合作效率，同时为了增强系统的可维护性，Java 编程人员应编写简单、明了、含义准确的注释。

Java 的注释标记有以下 3 种。

① //表示单行注释。

② /*……*/表示多行注释。

③ /**……*/表示文档注释，可注释若干行，并写入 Java 文档注释。

（5）编程风格

为了增强程序的可读性和可维护性，一个优秀的 Java 程序员还应该遵循一定的编程风格。

① 缩进：缩进应该是每行 4 个空格，通常按一次[Tab]键表示一次缩进。

② 使用"{}"表示代码块：用"{}"括起来的代码称为一个代码块。多个代码块之间可以嵌套。在嵌套时，同一层次中的代码需要垂直对齐；内层的代码需要和外层的代码有一定的缩进。

③ 空格：在对两个以上的关键字、变量、常量等进行操作时，它们之间的操作符之前、之后或者前后均要加空格。

④ 一般一行只写一条语句，不建议把多个短语句写在一行中。

【任务实践 1-2】 显示个人打卡信息

微课 1-6

显示个人打卡信息

【任务描述】

很多工作单位目前都实行打卡考勤制度来统计每个员工的上下班信息，试编写程序显示员工的个人打卡信息。

【任务分析】

利用前面介绍过的 System.out.println()方法，将员工的个人打卡信息显示出来。

【任务实现】

```java
public class 任务实践1_2 {
    public static void main(String[] args) {
        String id = "137";                  // 设置工号
        String name = "刘双莉";             // 设置姓名
        System.out.println("早上好! 您已打卡成功! ");
        System.out.println("工号: "+id);
        System.out.println("姓名: "+name);
    }
}
```

【实现结果】

```
早上好! 您已打卡成功!
工号: 137
姓名: 刘双莉
```

任务 1.4 掌握集成开发环境的使用

微课 1-7

Eclipse 的下载安装及界面介绍

前文介绍了 Java 程序的编写、编译和解释执行的过程，读者应该对 Java 程序的开发流程有了初步的认识。为了提高程序开发效率，程序员一般都会选择专业性更强的 Java 集成开发工具。接下来介绍一款目前应用比较广泛的 Java 集成开发工具——Eclipse。

Eclipse 是由 IBM 公司开发的开源及跨平台的自由集成开发环境（Integrated Development Environment，IDE）。Eclipse 最初基于 Java 程序开发，后来通过安装不同的插件也可以支持其他语言（包括 C/C++、Python、PHP 等）的开发。因此，Eclipse 可以满足拥有不同计算机编程语言背景的程序员的开发需求。

Eclipse 拥有强大的代码编辑能力，可以根据要求自动生成若干代码框架，提高编程效率；可以自动进行语法修正，向开发人员提供错误解决方案；还可以编译和运行程序。根据不同的需求，Eclipse 可以安装不同的插件。Eclipse 自身就附带了一个包括 JDK 在内的标准插件集，方便使用。当然，前面读者自行安装的 JDK 也可以在 Eclipse 中进行设置和使用。

1.4.1 Eclipse 的下载与安装

Eclipse 针对不同的用户需求和操作系统，提供了种类丰富的版本，选取适合的版本进行下载即可。目前 Eclipse 大多是 64 位解压即可使用的版本，读者可以登录 Eclipse 官网下载。将下载好的 zip 压缩文件包解压到指定目录，双击 eclipse.exe 文件就可以使用了。

1.4.2 在 Eclipse 下新建 Java 项目

我们仍然以前面的 HelloWorld 程序为例，介绍使用 Eclipse 创建 Java 项目的过程。

（1）Eclipse 的启动及工作站初始设置

双击 eclipse.exe 文件，启动 Eclipse。第一次启动 Eclipse 之后，一般会弹出工作站设置（Workspace Launcher）对话框，要求使用者对工作站路径进行设置，如图 1-11 所示。

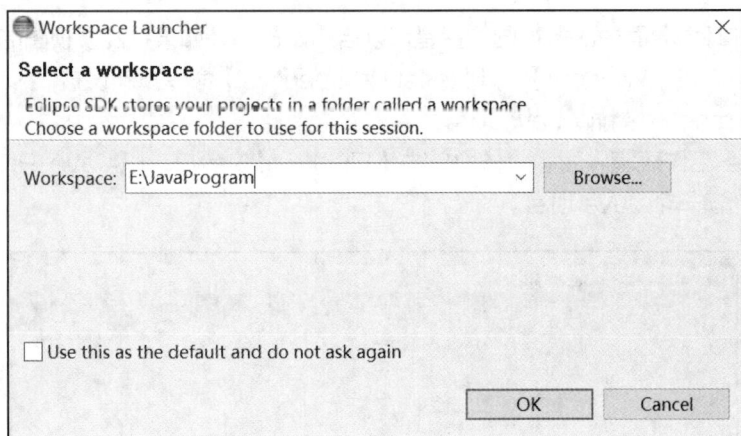

图 1-11　工作站设置对话框

Eclipse 的工作站是用来保存 Java 项目的，可以根据个人情况选取合适的路径。工作站路径设置结束之后，可以选中左下角的复选框，否则每次启动 Eclipse 都会弹出该对话框。

（2）Eclipse 工作环境界面简介

工作站设置完成之后，一般会显示欢迎界面，将其关闭即可，然后 Eclipse 工作环境界面就会显示出来。该界面主要由菜单栏、工具栏、资源管理视图、代码编辑区、大纲视图，以及问题、Java 文档、声明和控制台视图组成，如图 1-12 所示。

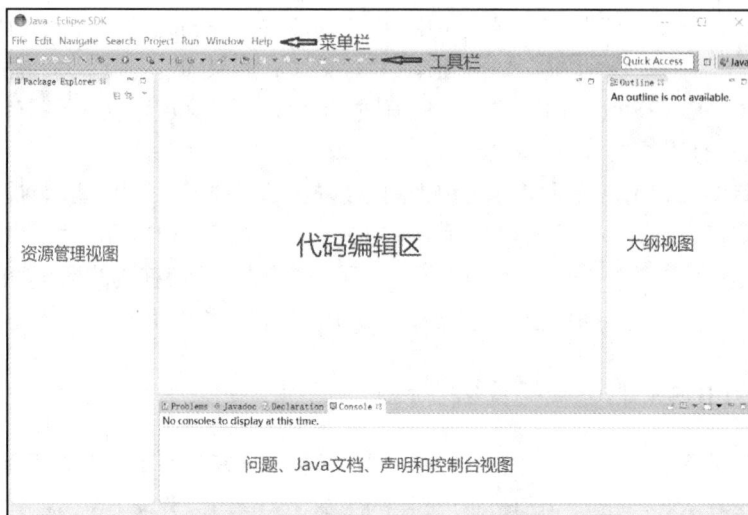

图 1-12　Eclipse 工作环境界面

Eclipse 工作环境界面的主要组成部分的介绍如下。

① 代码编辑区：程序员可以在本区域书写及调试 Java 程序。

② 资源管理视图：显示项目文件的组织架构。

③ 大纲视图：显示 Java 程序中类的结构。

④ 问题、Java 文档、声明和控制台视图：显示 Java 程序运行后的结果、错误和异常信息等。

Eclipse 工作环境界面的组成元素并不是固定不变的，可以单击【Window】→【Show View】命令自行定义。

Eclipse 工作环境界面中的各视图位置是可以自由设置的，如果打乱了视图的位置或者关闭了某个视图，则可以单击【Window】→【Reset Perspective】命令重新设置。

（3）基于 Eclipse 平台新建 Java 项目

打开 Eclipse 工作环境界面后，依次单击【File】→【New】→【Java Project】命令，如图 1-13 所示，新建一个 Java 项目。

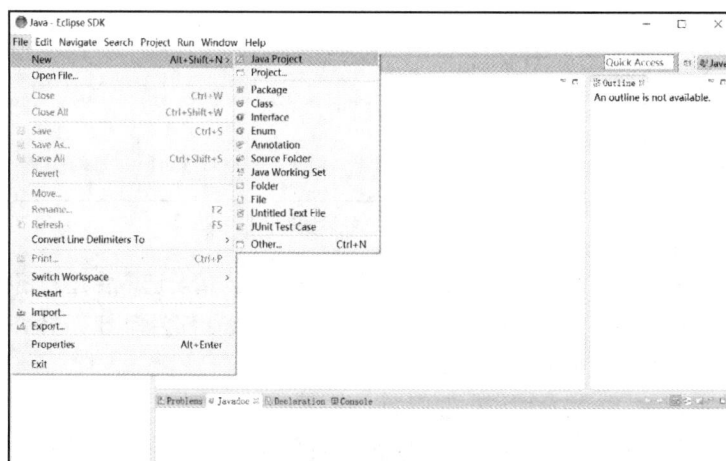

微课 1-8

在 Eclipse 下开发
Java 程序

图 1-13　新建 Java 项目

在弹出的新建 Java 项目设置界面中输入项目名称"HelloWorld"，其他设置不用修改，单击
【Finish】按钮，如图 1-14 所示。

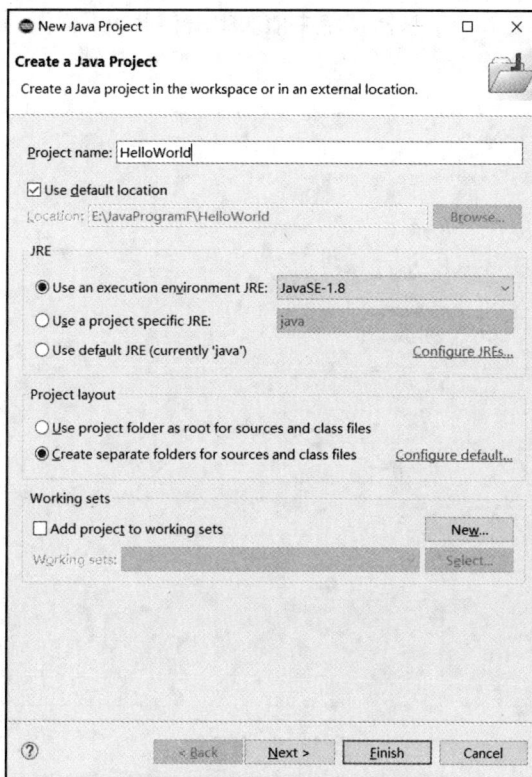

图 1-14 新建 Java 项目设置界面

至此，HelloWorld 项目就创建好了，其界面如图 1-15 所示。

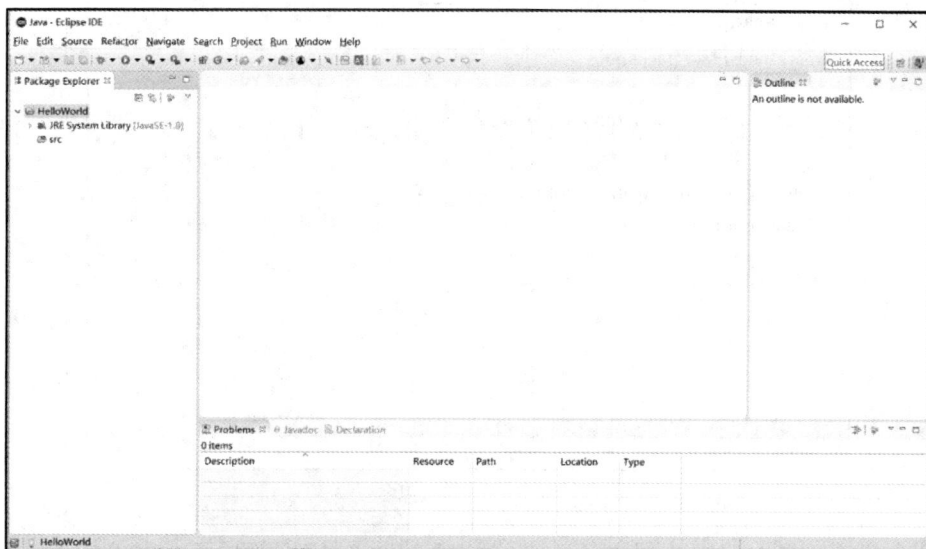

图 1-15 HelloWorld 项目界面

1.4.3　在 Eclipse 下编写 Java 程序

在 src 文件夹上右击，在弹出的快捷菜单中依次单击【New】→【Package】命令，如图 1-16 所示，创建包。

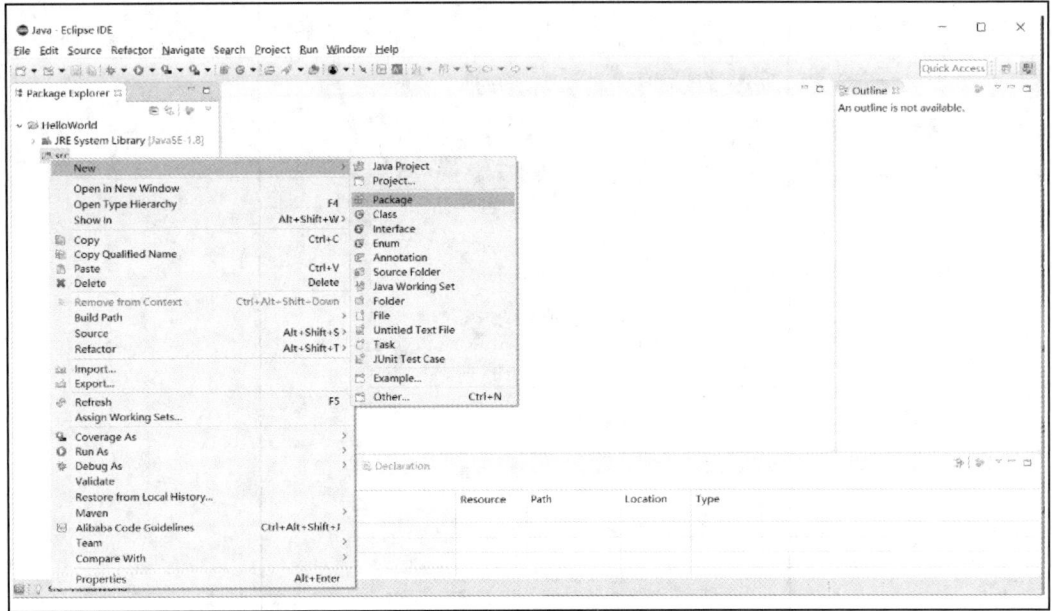

图 1-16　创建包

在弹出的界面中输入包名"cn.helloworld.program"，单击【Finish】按钮，如图 1-17 所示。

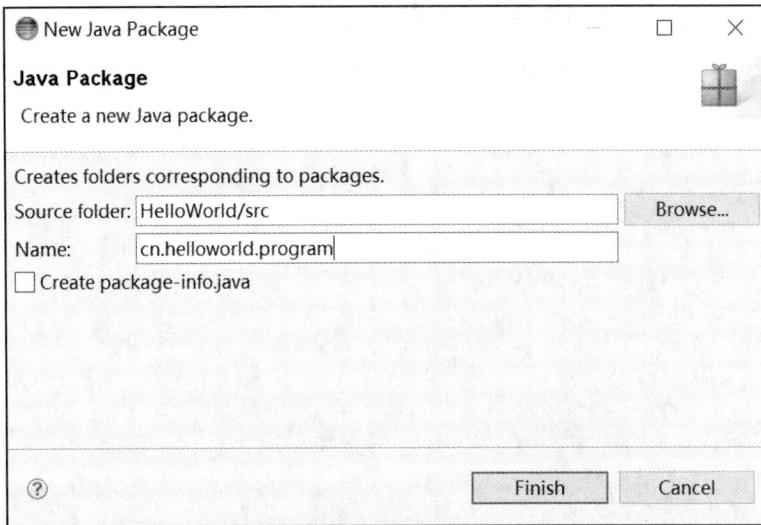

图 1-17　输入包名

在 cn.helloworld.program 包上右击，在弹出的快捷菜单中依次单击【New】→【Class】命令，创建 Java 类文件，也就是 Java 程序，如图 1-18 所示。

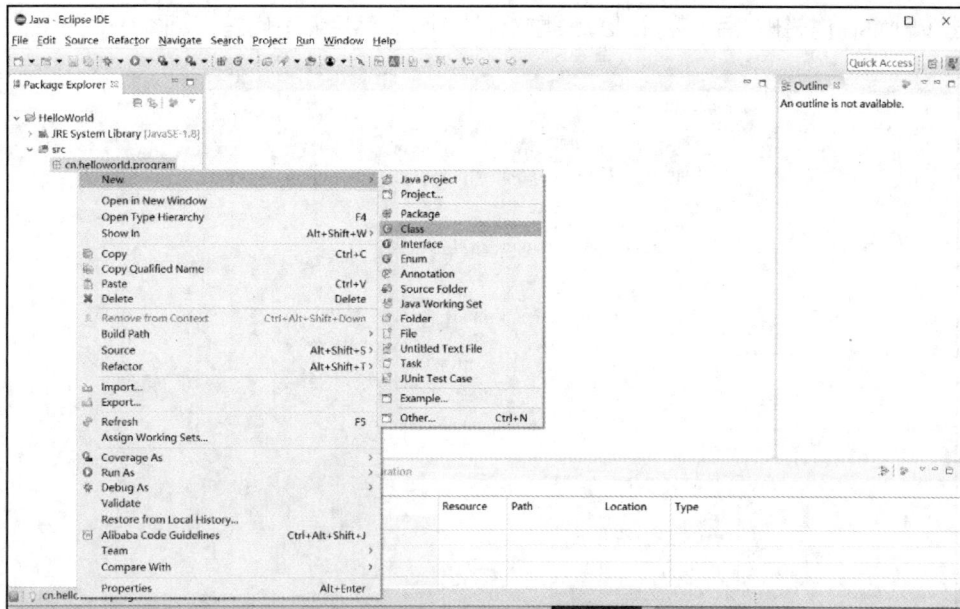

图 1-18　创建 Java 类文件

在弹出的界面中对 Java 类文件进行设置，输入类名"HelloWorld"，其他设置如图 1-19 所示。

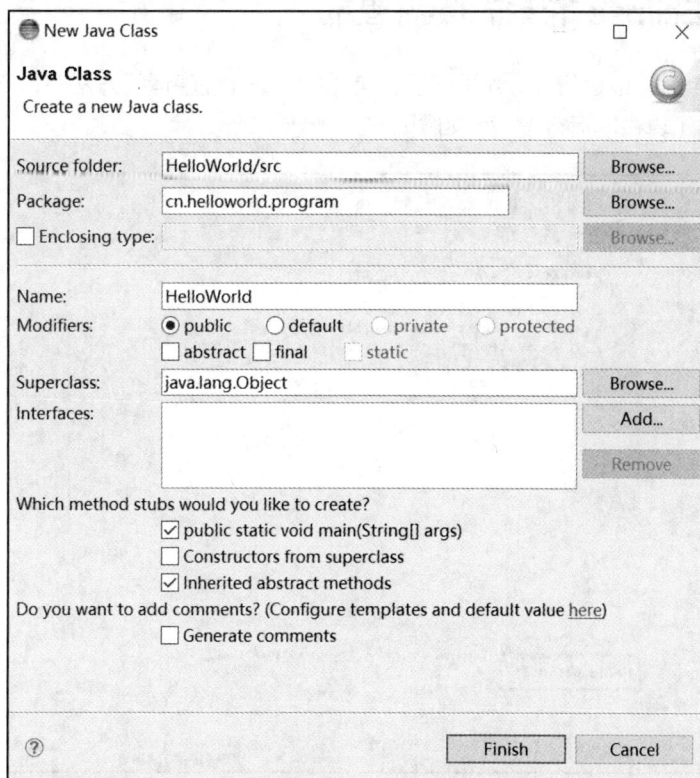

图 1-19　设置 Java 类文件

单击【Finish】按钮之后，完成 Java 类文件的创建，然后编写代码，如图 1-20 所示。

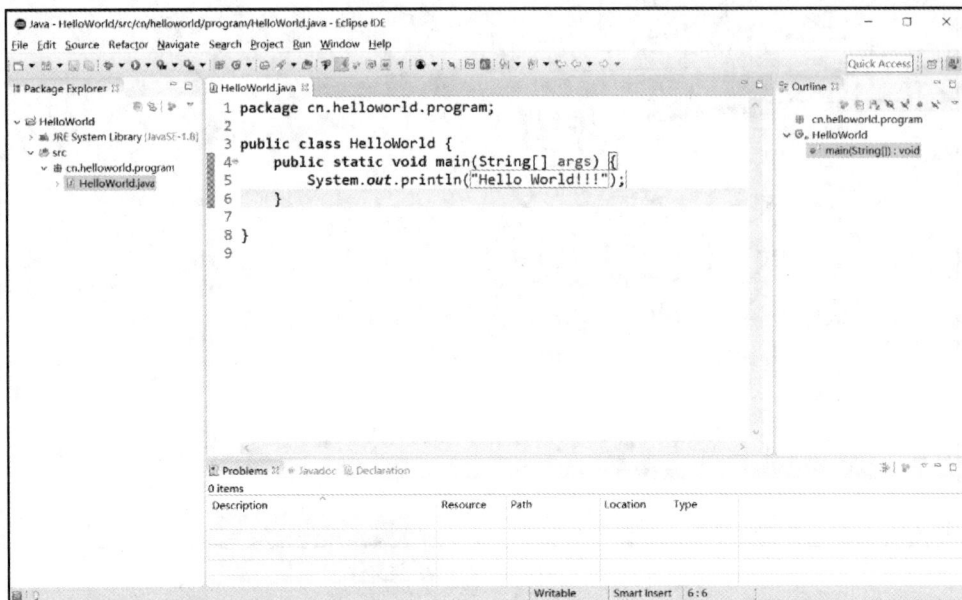

图 1-20　编写代码

1.4.4　在 Eclipse 下运行 Java 程序

代码编写完毕，就可以运行 Java 程序了。常见的 Java 程序运行方法有以下 3 种。

【方法一】单击工具栏的运行按钮，如图 1-21 所示。

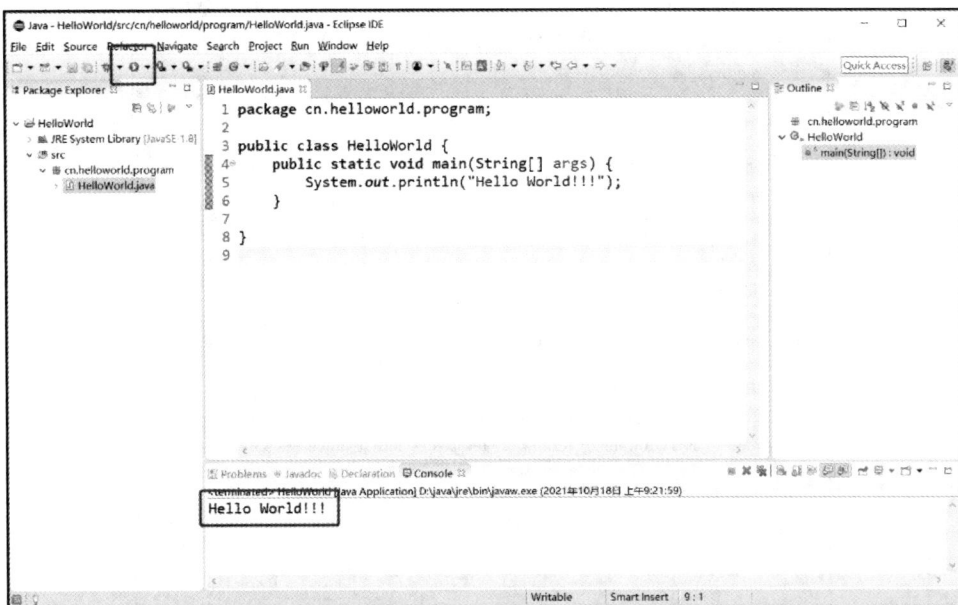

图 1-21　Java 程序运行方法一

【方法二】在 HelloWorld.java 文件上右击或在代码区域右击，在弹出的快捷菜单中依次单击【Run As】→【1 Java Application】命令，如图 1-22 所示。

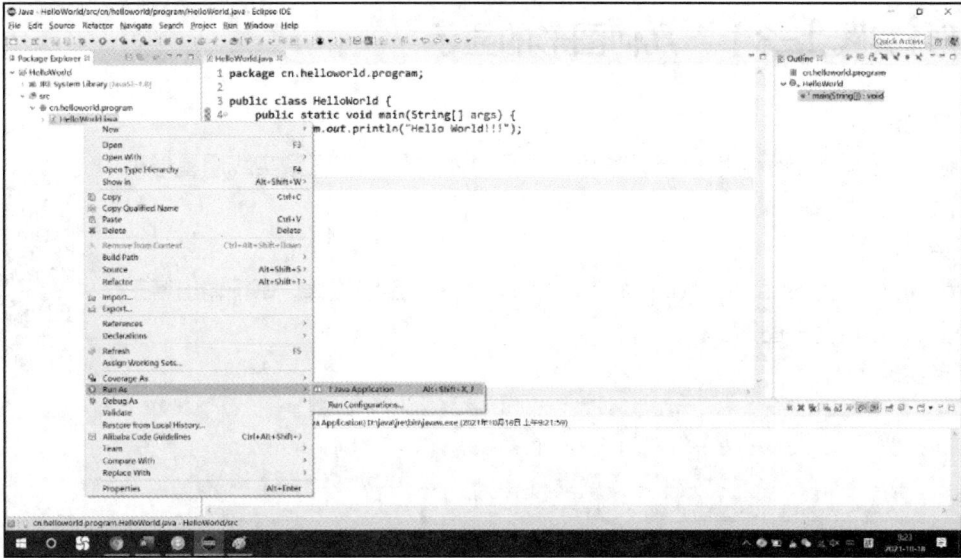

图 1-22　Java 程序运行方法二

【方法三】依次单击【Run】→【Run As】→【1 Java Application】命令，如图 1-23 所示。

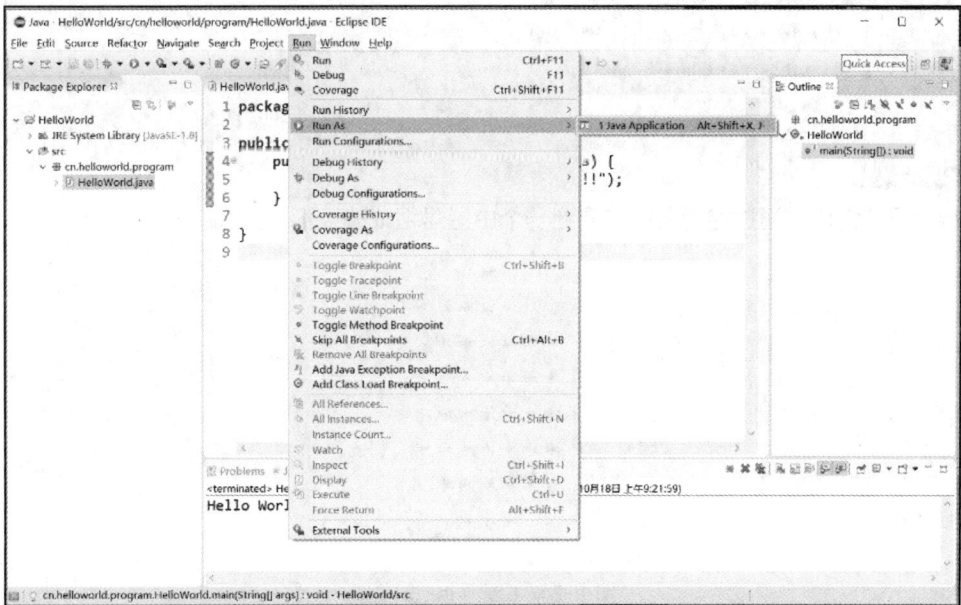

图 1-23　Java 程序运行方法三

使用 3 种方法中的任意一种运行程序之后，都可以在 Eclipse 工作环境界面的控制台视图中看到运行结果，即"HelloWorld!!!"。如果运行结果能够正常显示，就证明 Eclipse 开发环境安装与设置成功，可以正常工作了。

工欲善其事，必先利其器。借用集成开发环境可以让程序员更加专注于业务层面的开发，提升软件开发效率，事半功倍。读者在后续的开发中要善于使用集成开发工具，提高开发效率，养成良好的编程习惯。

【任务实践 1-3】 几何图形的显示

【任务描述】

控制台视图除了显示文字信息，也可以显示基本符号，本任务实践用星号来显示一个菱形图案。

微课 1-9

显示几何图形

【任务分析】

利用前面讲述的 System.out.println()方法，按照一定的规律，每行输出若干空格和星号，组成菱形图案。

【任务实现】

```java
public class 任务实践1_3 {
    public static void main(String[] args) {
        System.out.println("    *");
        System.out.println("   ***");
        System.out.println("  *****");
        System.out.println(" *******");
        System.out.println("*********");
        System.out.println(" *******");
        System.out.println("  *****");
        System.out.println("   ***");
        System.out.println("    *");
    }
}
```

【实现结果】

运行上面的程序，通过控制台可以看到一个由星号组成的菱形，如图 1-24 所示。

```
        *
       ***
      *****
     *******
    *********
     *******
      *****
       ***
        *
```

图 1-24　由星号组成的菱形

项目分析

利用前面讲述的 System.out.println()方法，按照一定的规律，每行输出若干空格和星号，制作迎新电子屏的边框，然后在合适的位置显示迎新电子屏的内容，完成迎新电子屏的制作。

项目实施

```
public class 迎新电子屏 {
 public static void main(String[] args) {
    // TODO Auto-generated method stub
    System.out.println("****************************");
    System.out.println("**                      **");
    System.out.println("**                      **");
    System.out.println("**                      **");
    System.out.println("**        欢迎新同学!!!      **");
    System.out.println("**                      **");
    System.out.println("**                      **");
    System.out.println("**                      **");
    System.out.println("****************************");
 }
}
```

迎新电子屏的显示结果如下。

```
**************************
**                    **
**                    **
**                    **
**      欢迎新同学!!!      **
**                    **
**                    **
**                    **
**************************
```

　　迎新电子屏做好了，通过上面的小程序，读者是不是也发现，Java 并不是非常晦涩难懂，而且运行起来非常有趣味性。当然，也并非所有的 Java 程序都是这么简单的，读者将来要完成的工作有可能是非常复杂的项目，需要多个团队耗费很多时间才能实现。千里之行，始于足下，再复杂的知识也是从一点一滴的基础开始学习和积累的。只要有信心，认真学习，努力实践，Java 就会变成我们未来的好朋友，与我们一起创造美好生活。加油吧!

项目实训　欢度国庆电子屏的制作

【项目描述】

　　仿照前面的项目，制作欢度国庆电子屏。

【项目分析】

　　利用前面讲述的 System.out.println()方法，选择合适的符号和内容，完成欢度国庆电子屏的制作。

【项目实现】

```
public class 欢度国庆电子屏 {
 public static void main(String[] args) {
    // TODO Auto-generated method stub
    System.out.println("+++++++++++++++++++++++++++++++++++");
    System.out.println("$                              $");
    System.out.println("$                              $");
    System.out.println("$        盛世华诞      锦绣中华       $");
```

```
        System.out.println("$    热烈庆祝中华人民共和国成立七十五周年    $");
        System.out.println("$                                        $");
        System.out.println("$                                        $");
        System.out.println("++++++++++++++++++++++++++++++++++++++++");
    }
}
```

【实现结果】

```
++++++++++++++++++++++++++++++++++++
$                                  $
$                                  $
$      盛世华诞      锦绣中华        $
$  热烈庆祝中华人民共和国成立七十五周年  $
$                                  $
$                                  $
++++++++++++++++++++++++++++++++++++
```

项目小结

本项目介绍了 Java 的相关知识，包括搭建与配置 Java 开发环境，Java 程序的编写、编译和解释执行，以及 Eclipse 的安装与使用等。通过本项目的学习，读者可对 Java 的基本概念、特点和运行机制有初步认识，应该重点掌握 Java 开发环境的搭建，Java 程序的编写、编译和解释执行，以及 Eclipse 的安装和使用。本项目包含的知识点如图 1-25 所示。

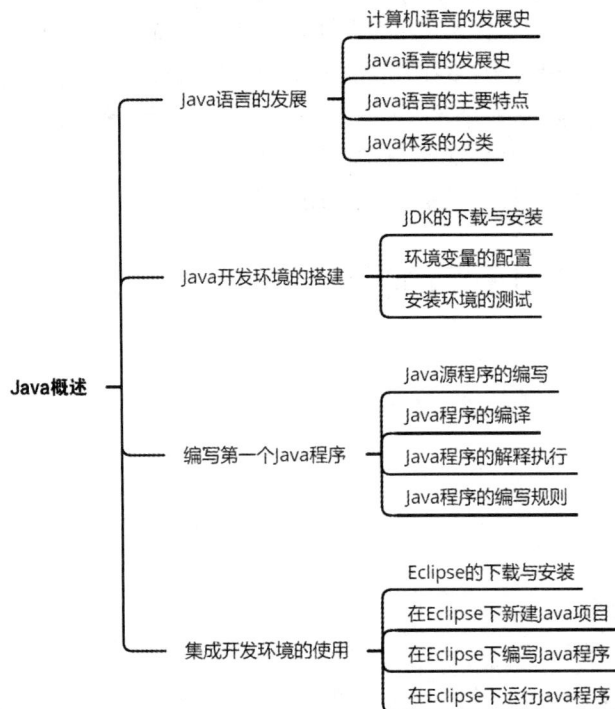

图 1-25　项目 1 的知识点

自我检测

一、选择题

1. Java 是由哪家公司推出的计算机编程语言？（　　）
   A. 华为　　　　　　B. Sun　　　　　　C. IBM　　　　　　D. MS

2. 下面哪一个命令用于编译 Java 源程序？（　　）
   A. jar　　　　　　B. java　　　　　　C. javac　　　　　D. javadoc

3. Java 源程序的扩展名是什么？（　　）
   A. .java　　　　　B. .jdk　　　　　　C. .jar　　　　　　D. .jre

4. 下列哪个文件夹为 Java 程序提供运行时环境？（　　）
   A. db　　　　　　B. lib　　　　　　C. jre　　　　　　D. jar

5. Java 的特点不包含哪一项？（　　）
   A. 安全性　　　　B. 面向对象　　　　C. 面向过程　　　　D. 多线程

6. 下列哪个选项不是 Java 平台版本？（　　）
   A. Java ME　　　B. Java SE　　　　C. Java CE　　　　D. Java EE

7. Java 不属于下面哪一种语言？（　　）
   A. 解释性语言　　B. 面向过程语言　　C. 高级语言　　　　D. 面向对象语言

二、编程题

1. 在控制台视图中显示自己的姓名、性别和年龄。
2. 在控制台视图中显示 5 行星号。

项目2
学生"画像"
——Java语法基础

02

情景导入

在信息化时代，校园里积累了海量的学生数据，包括学生的学号、姓名、性别、年龄、专业、考试成绩、手机号等信息。通过对这些数据进行系统分析和深入挖掘，我们可以构建出学生"画像"。这样的画像有助于我们更精确地理解学生的日常行为模式，并对他们的学习表现和个性化偏好进行初步分析。基于这些分析结果，我们能够为学生的未来发展设计出更加个性化的培养计划，从而更好地促进学生的成长和发展。

张思睿想编写程序构建学生画像，胡老师认为在构建学生画像的过程中，不仅要关注技术层面的实现，还要注重数据安全和隐私保护，遵守法律法规，确保学生的个人信息得到妥善保护。胡老师帮他进行了项目分析，告诉他如下做法。

首先收集学生数据。这可以通过学校的信息系统或者问卷调查等方式获取相关数据。现在可以通过手动输入学生基本数据的方式来获取学生数据。

然后，为了将数据存储起来，对数据进行计算分析，我们将用到 Java 的数据类型、变量、运算符和表达式求值。通过分析结果来评估学生的学习表现和进步情况，包括计算平均分、最高分、最低分，分析成绩分布，以及识别学习上的优势和不足等。

接下来，让我们一起学习 Java 编程基础，为学生"画像"助力吧！

项目目标

- 掌握变量的定义、初始化及使用方法。
- 掌握常用的数据类型。
- 掌握数据输入输出的方法。
- 掌握运算符的使用方法。
- 掌握数据类型的转换方法。
- 掌握良好的编程规范，增强健康意识。

知识储备

任务 2.1　Java 的关键字与标识符

在 Java 程序中，有些字符串（单词）被赋予了特殊含义，有专门用途，被称作关键字，它们是 Java 的基本词汇，用于定义程序的结构和控制流程等。与此同时，Java 允许编程人员命名程序中的某些元素，如变量、方法和类等，这些由编程人员指定的名称被称为标识符。下面介绍 Java 中常用的关键字与标识符。

微课 2-1

关键字与标识符

2.1.1　Java 的关键字

关键字是 Java 中已经被赋予特定含义的字符串（单词），编程人员不能将这些关键字用作标识符。

表 2-1 列举了 Java 中常用的关键字。

表 2-1　Java 中常用的关键字

abstract	continue	for	new	switch
assert	default	goto	package	synchronized
boolean	do	if	private	this
break	double	implements	protected	throw
byte	else	import	public	throws
case	enum	instanceof	return	transient
catch	extends	int	short	try
char	final	interface	static	void
class	finally	long	strictfp	volatile
const	float	native	super	while

Java 中的关键字都是由小写字母组成的字符串，在大多数编辑器和集成开发环境中都会用特殊颜色标识。

2.1.2　Java 的标识符

标识符可以简单地理解为一个名称，是用来在程序中标识类名、变量名、方法名、数组名、文件名等的有效字符序列。

1. Java 标识符的语法规范

（1）标识符由字母、数字、下划线、美元符号组成，没有长度限制。

（2）标识符的第一个字符不能是数字字符。

（3）标识符不能使用关键字命名。

（4）标识符区分大小写。

Java 使用 Unicode 字符集，最多可以标识 65535 个字符。因此，Java 中的字符可以是 Unicode 字符集中的任何字符，包括拉丁文、汉字、日文和其他许多语言中的字符。

例如，以下都是合法的标识符。

age、_value、user_name、Hello、hello、$salary、studentName、姓名、类 1。

2．标识符的命名风格

为了增强程序的可读性和系统的可维护性，在程序开发中，不仅要做到标识符的命名合法（符合语法规范），还应符合以下风格。

（1）标识符的命名应尽可能有意义，做到见名知义。

（2）包名由小写字母组成。

（3）类名和接口名中每个单词的首字母要大写，如 ArrayList。

（4）变量名和方法名的第一个单词全部小写，从第二个单词开始，每个单词的首字母大写，如 setName、getMaxScore。

（5）常量名的所有字母通常用大写，用下划线来分隔每个单词，如 MAX_VALUE。

读者在后续的代码编写中要遵守上述语法规范和命名风格，养成良好的编程习惯。

任务 2.2 常量与变量

微课 2-2

常量与变量

在程序执行过程中，值不发生改变的量称为常量，值能被改变的量称为变量。常量和变量的声明都必须使用合法的标识符，所有常量和变量必须在声明后才能使用。

2.2.1 常量

常量就是在程序中值固定不变的量，是不能改变的数据，如圆周率、数字 5、字符'A'、浮点数 87.65 等。

1．声明常量

声明常量通常也称为"final 变量"。常量在整个程序中只能被赋值一次。在为所有对象共享值时，常量是非常有用的。

在 Java 中声明一个常量，除了要指定数据类型，还需要通过 final 关键字进行限定。声明常量的语法格式如下。

```
final 数据类型 常量名[=值];
```

常量名通常使用大写字母，但这并不是必须的。很多 Java 程序员使用大写字母表示常量常常是为了清楚地表明正在使用常量。例如：

```
final double PI=3.14;
final int N=45;
```

声明常量可以先声明，后赋值，但是只能赋值一次，否则系统会给出编译错误。

2．字面值常量

在 Java 中，常量包括整型常量、浮点型常量、字符型常量、字符串常量、布尔型常量、null 常量等，如 123、4.56、'A'、"Hello Java"、true、null 等。

2.2.2　变量

变量是在程序运行过程中值可以改变的量，它用于在程序运行时临时存放数据。例如，手机的电量、水杯的容量、人的年龄等都会根据不同的环境产生不同的数值。变量有变量名、值、数据类型 3 个属性。

为了使用变量，需要首先声明变量。声明变量的语法格式如下。

```
数据类型　变量名;
```
或
```
数据类型　变量名=值;
```

其中，数据类型表示 Java 中任意的合法数据类型，变量名是为变量命名的合法标识符。一个语句可以同时声明多个相同类型的变量。例如：

```
int x=1,y;
long n;
float a,b,c;
String name="Tom";
```

在程序的同一个有效区域（通常以"{}"为界）里，变量名必须是唯一的，也就是变量不能重名。在不同的有效区域里，变量名可以重名。

变量的取值必须与变量的数据类型匹配，并且符合相应数据类型的取值范围。

当声明一个变量时，编译程序会在内存里配置一块足以容纳此变量的内存空间给它。不管变量的值如何改变，此空间地址都不会改变。

任务 2.3　Java 的基本数据类型

某学校学生的基本数据如表 2-2 所示。

表 2-2　学生的基本数据

姓名	性别	年龄	成绩
李芳	女	19	82
张丽	女	18	45.5
朱一鸣	男	20	78
张思睿	男	19	92.5

表 2-2 中的数据有不同的类型，计算机语言将数据按性质进行了分类，每一类称为一种数据类型。数据类型定义了数据的性质、取值范围、存储方式，以及对数据所能进行的运算和操作。

Java 中的数据类型分为两大类：基本数据类型和引用数据类型。

基本数据类型也称为简单数据类型。Java 中有 8 种基本数据类型，分别是 boolean、byte、short、char、int、long、float、double，这 8 种基本数据类型可以归类为以下四大类型。

（1）整型：byte、short、int、long。

（2）浮点型：float、double。

（3）字符型：char。

（4）布尔型：boolean。

引用数据类型包括类、接口、数组等。Java 的数据类型如图 2-1 所示。本节只讨论基本数据类型。

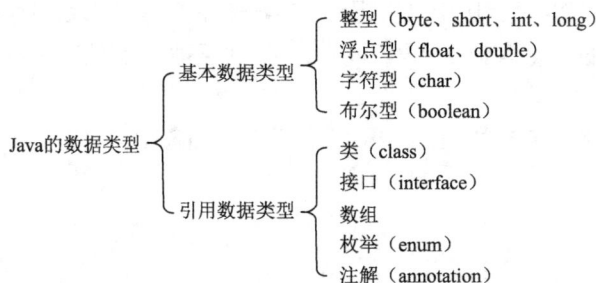

图 2-1 Java 的数据类型

基本数据类型 ─┬─ 整型（byte、short、int、long）
　　　　　　　├─ 浮点型（float、double）
　　　　　　　├─ 字符型（char）
　　　　　　　└─ 布尔型（boolean）

Java的数据类型 ─┬─ 基本数据类型
　　　　　　　　└─ 引用数据类型 ─┬─ 类（class）
　　　　　　　　　　　　　　　　├─ 接口（interface）
　　　　　　　　　　　　　　　　├─ 数组
　　　　　　　　　　　　　　　　├─ 枚举（enum）
　　　　　　　　　　　　　　　　└─ 注解（annotation）

图 2-1　Java 的数据类型

2.3.1　整型

整型数据用于表示没有小数部分的数值，可以是正数或者负数，也可以是零。程序中出现的整型数据可以分为整型常量和整型变量。

微课 2-3
整型

1. 整型常量

整型常量有二进制、八进制、十进制和十六进制 4 种表示形式，具体表示形式如下。

（1）二进制：由数字 0 和 1 组成的数字序列。数字前面要以 0b 或者 0B 开头，以区分于十进制数据，如 0b01010001、0B01110111。

（2）八进制：以数字 0 开头并且其后由 0~7（包括 0 和 7）的整数组成的数字序列，如 017、0236。

（3）十进制：由 0~9（包括 0 和 9）的整数组成的数字序列，如 167、5698。

（4）十六进制：以 0x 或者 0X 开头，并且其后由 0~9、A~F（包括 0 和 9、A 和 F，且字母不区分大小写）组成的数字序列，如 0X145、0x2AF。

2. 整型变量

整型变量用来存储整数。根据所占内存的大小，整型变量可以分为 byte、short、int 和 long 这 4 种类型。这 4 种类型的变量所占存储空间的大小（字节数）和取值范围如表 2-3 所示。

表 2-3　整型变量

类型名	字节数	取值范围
byte	1	$-2^{7} \sim 2^{7}-1$
short	2	$-2^{15} \sim 2^{15}-1$
int	4	$-2^{31} \sim 2^{31}-1$
long	8	$-2^{63} \sim 2^{63}-1$

4 种类型变量的说明如下。

（1）byte 型

使用 byte 关键字来定义 byte 型（字节型）变量，可以一次定义多个变量，并对其进行赋值，

也可以不进行赋值。byte 型变量是整型变量中所分配的内存空间最小的，只分配 1 字节；取值范围也是最小的，是-2^7～2^7-1，即-128～127，使用 byte 型变量时一定要注意避免数据溢出而产生错误。下面定义几个 byte 类型的变量：

```
byte x=25,y=-56,z;        // 定义 byte 型变量 x、y、z，并赋初值给 x、y
```

（2）short 型

short 型即短整型，使用 short 关键字来定义 short 型变量。系统给 short 型变量分配 2 字节的内存，取值范围是-2^{15}～2^{15}-1，即-32768～32767。虽然其取值范围变大，但还是要注意避免出现数据溢出。例如：

```
short x=32120,y=-2453,z;
```

（3）int 型

int 型即基本整型，使用 int 关键字来定义 int 型变量。int 型变量的取值范围很大，是-2^{31}～2^{31}-1，一般情况下足够使用，所以 int 型变量是整型变量中使用最广泛的。例如：

```
int x=345,y=-678,z;
```

（4）long 型

long 型即长整型，使用 long 关键字来定义 long 型变量。在对 long 型变量赋值时，数值结尾必须加上"l"或者"L"，否则变量将不被认为是 long 型的。当整数数值很大并超出 int 型变量的取值范围时，就使用 long 型，系统给 long 型变量分配 8 字节，取值范围更大，是-2^{63}～2^{63}-1。例如：

```
long x=64545345L,y=-67865654L,z;
```

【例 2-1】编写程序，输出整型数据所占用的二进制位数，以及整型数据的取值范围。

【例题分析】

Java 中的整型可以分为 byte、short、int 和 long 这 4 种类型。借助于系统提供的包装类中的常量，可以得到整型数据的二进制位数以及整型数据的取值范围。

【程序实现】

```
public class Example2_1 {
    public static void main(String[] args) {
        System.out.println("byte 型二进制位数: "+Byte.SIZE);
        System.out.println("byte 型数据的取值范围: "+
                            Byte.MIN_VALUE+"~"+Byte.MAX_VALUE);
        System.out.println("short 型二进制位数: "+Short.SIZE);
        System.out.println("short 型数据的取值范围: "+
                            Short.MIN_VALUE+"~"+Short.MAX_VALUE);
        System.out.println("int 型二进制位数: "+Integer.SIZE);
        System.out.println("int 型数据的取值范围: "+
                            Integer.MIN_VALUE+"~"+Integer.MAX_VALUE);
        System.out.println("long 型二进制位数: "+Long.SIZE);
        System.out.println("long 型数据的取值范围: "+
                            Long.MIN_VALUE+"~"+Long.MAX_VALUE);
    }
}
```

【运行结果】

```
byte 型二进制位数: 8
byte 型数据的取值范围: -128~127
short 型二进制位数: 16
short 型数据的取值范围: -32768~32767
int 型二进制位数: 32
int 型数据的取值范围: -2147483648~2147483647
```

```
long 型二进制位数: 64
long 型数据的取值范围: -9223372036854775808~9223372036854775807
```

2.3.2 浮点型

浮点型数据表示带小数的数值，在程序中出现的浮点型数据分为浮点型常量和浮点型变量。

1. 浮点型常量

浮点型常量分为单精度浮点型常量和双精度浮点型常量两种类型。其中，单精度浮点型常量以"F"或者"f"结尾，双精度浮点型常量则以"D"或者"d"结尾，也可以省略。系统默认的浮点型常量为双精度浮点型常量。

微课 2-4

浮点型

浮点型常量可以用以下两种形式表示。

（1）十进制小数形式，如 3.14f、364.5。

（2）指数形式，使用"底数+E/e+指数"的形式。其中，字母 E（或 e）前面必须有数字，字母 E（或 e）后的指数必须是整数，如 3.14e2、3214E-2F。

2. 浮点型变量

在 Java 中，浮点型包括 float 型和 double 型。浮点型变量所占存储空间的大小和取值范围如表 2-4 所示。

表 2-4　浮点型变量

类型名	字节数	取值范围
float	4	-1.4E-45~+3.4E38
double	8	-4.9E-324~+1.798E308

（1）float 型

float 型即单精度浮点型，使用 float 关键字来定义 float 型变量。在对 float 型变量赋值时，数值结尾必须加上"f"或者"F"，否则系统将默认该数值为 double 型数值。例如：

```
float x=34.56f,y=-768.23F,z;
```

（2）double 型

double 型即双精度浮点型，使用 double 关键字来定义 double 型变量。在对 double 型变量赋值时，数值结尾可以使用"d"或者"D"明确表明这是一个 double 型数据，也可以省略不写。例如：

```
double x=34.56d,y=-768.23D,z=543.12,m,n; // "d"或者"D"可以加，也可以不加
```

2.3.3 字符型

字符型数据表示单一字符，在 Java 程序中出现的字符型数据有字符型常量和字符型变量两种。

1. 字符型常量

字符型常量用于表示一个字符，一个字符型常量需要用一对英文半角的单引号标注，它可以是英文字母、数字、标点符号以及转义字符表示的特殊字符。例如，'m'、'9'、';'、'\n'、'\u0061'、'*'、'中'。其中，'\u0061'表示字符 a。Java 采用 Unicode 字符集，可以直接使用 Unicode 值来表示字符型常量，以\u 开头后跟 4 位十六进制数表示。

2. 字符型变量

在 Java 中使用 char 关键字定义字符型变量。字符型变量所占存储空间的大小和取值范围如表 2-5 所示。

表 2-5　字符型变量

类型名	字节数	取值范围
char	2	0~65535

在表示字符型常量时，要用单引号标注。例如，'a'表示一个字符，并且单引号中只能有一个字符。例如：

```
char ch='A';
```

由于字符 A 在 Unicode 字符集中的编码是 65，因此上面的语句也可以写成：

```
char ch=65;
```

Java 采用 Unicode 编码，可以存储 65536 个字符（0x0000~0xffff）。Java 中的字符可以用于处理几乎所有国家的语言文字，Java 中的每个字符都对应一个整型的 Unicode 编码。例如：

```
int x='中';
int y='国';
System.out.println("中的 Unicode 编码是: "+x); // 输出"中的 Unicode 编码是: 20013"
System.out.println("国的 Unicode 编码是: "+y); // 输出"国的 Unicode 编码是: 22269"
```

【例 2-2】编写程序，输出名字李磊中每个字的 Unicode 编码。

【例题分析】

每个汉字都是一个字符，Java 中的每个字符对应一个 Unicode 编码。把汉字字符赋给 int 型变量，直接输出的 int 型变量值就是对应的 Unicode 编码。

【程序实现】

```
public class Example2_2 {
    public static void main(String[] args) {
        int x = '李';
        int y = '磊';
        System.out.println(x);
        System.out.println(y);
    }
}
```

【运行结果】

```
26446
30922
```

在字符型数据中有一种特殊字符，以反斜线"\"开头，后接一个或多个字符，具有特定的含义，叫作转义字符。例如，"\n"就是一个转义字符，表示换行符。Java 中常用的转义字符如表 2-6 所示。

表 2-6　Java 中常用的转义字符

转义字符	含义
\n	换行符
\t	制表符
\b	退格符

续表

转义字符	含义
\r	回车符
\f	换页符
\\	反斜线字符
\'	单引号字符
\"	双引号字符
\ddd	1~3 位八进制数据表示的字符，如\234
\uxxxx	4 位十六进制数据表示的字符，如\u32af

因为转义字符也是字符，所以将转义字符赋值给字符型变量时，与其他字符型常量值一样需要加单引号。例如：

```
char ch1='\\';                         // 将转义字符"\\"赋值给变量 ch1
char ch2='\u2605';                     // 将转义字符"\u2605"赋值给变量 ch2
System.out.println("输出反斜线: "+ch1);  // 输出\
System.out.println("输出星号: "+ch2);    // 输出*
```

2.3.4　布尔型

在 Java 中，事物的"真"和"假"用布尔型的值表示。程序中出现的布尔型数据包括布尔型常量和布尔型变量。

1. 布尔型常量

布尔型常量即布尔型数据的两个值——true 和 false，该常量用于区分一个事物的"真"和"假"。

2. 布尔型变量

布尔型又称为逻辑类型，在 Java 中，布尔型只有 true 和 false 两个值，分别表示布尔逻辑中的"真"和"假"。使用 boolean 关键字声明布尔型变量，该变量通常用在流程控制中作为判断条件。布尔型变量所占存储空间的大小和取值范围如表 2-7 所示。

表 2-7　布尔型变量

类型名	字节数	取值范围
boolean	1	true/false

【任务实践 2-1】　自我介绍

【任务描述】

新生入校后的第一课是进行自我介绍，介绍内容包括姓名、年龄、身高、体重、性别、兴趣爱好等，试着编写程序把个人的基本信息输出到屏幕上。

【任务分析】

（1）为自我介绍的内容选择合适的数据类型。

（2）对不同类型变量进行初始化。

（3）输出基本信息。

微课 2-5

自我介绍

【任务实现】

```
public class 任务实践 2_1 {
    public static void main(String[] args) {
        String name = "张杰";
        int age = 18;
        double stature = 177;
        double weight = 75.5;
        char sex = '男';
        String interest = "计算机编程";
        System.out.println("姓名: " + name);
        System.out.println("年龄: " + age);
        System.out.println("身高: " + stature);
        System.out.println("体重: " + weight);
        System.out.println("性别: " + sex);
        System.out.println("兴趣爱好: " + interest);
    }
}
```

【实现结果】

```
姓名: 张杰
年龄: 18
身高: 177.0
体重: 75.5
性别: 男
兴趣爱好: 计算机编程
```

任务 2.4　数据的输入与输出

应用程序通常要与用户进行交互，在运行过程中常常需要用户输入数据以供程序处理，并将处理结果输出。

微课 2-C

输入与输出

2.4.1　从控制台输出数据

使用 System.out.print()或者 System.out.println()可以输出字符串、变量、表达式等的值。输出语句的语法格式为：

```
System.out.print();
```

或者：

```
System.out.println();
```

二者的区别是 System.out.println()输出数据后会换行，而 System.out.print()输出数据后不会换行。

输出语句的圆括号中的内容不一定是字符串，可以是任何有效类型的数据，包括变量、常量、方法调用以及表达式等。当输出的内容由多个字符串或者字符串与其他类型的数据组成时，使用"+"将多个字符串或者字符串与其他类型的数据连接起来。输出时，程序自动对表达式进行计算，然后将这些数据转换成字符串后输出。例如：

```
System.out.println ("Hello Java!"); // 输出 "Hello Java!"字符串
System.out.println ("长方形的面积为: "+a*b);
```

可以在输出内容中加入转义字符，如\t、\n 等，以控制输出内容的格式。例如：

```
System.out.print("长方形的面积为: \t"+a*b+"\n");
```

如果输出的字符串长度较长，可以将字符串分解成几个部分，然后使用字符串连接符号 "+"
将它们首尾相连接，例如：

```
System.out.println ("Hello,"+
                          "Java!");
```

另外，System.out 中还有很多方法，如用于格式化输出的 System.out.printf()等，读者可查
阅 Java API 官方文档了解。

2.4.2 从控制台输入数据

在 Java 中，用户可以通过键盘输入数据，以对变量进行赋值。下面介绍使用 Scanner 类通过键
盘输入数据的方法。

Scanner 类是 JDK 1.5 新增的一个开发类。使用 Scanner 类需要经过以下 3 个步骤。

（1）导入 Scanner 类。

```
import java.util.Scanner;
```

（2）创建 Scanner 类的对象。

```
Scanner in=new Scanner(System.in);
```

（3）调用方法，读取用户从键盘输入的各种类型的数据。

```
nextBoolean()// 从键盘接收布尔型数据
nextByte()   // 从键盘接收字节型数据
nextShort()  // 从键盘接收短整型数据
nextInt()    // 从键盘接收整型数据
nextLong()   // 从键盘接收长整型数据
nextFloat()  // 从键盘接收单精度浮点型数据
nextDouble() // 从键盘接收双精度浮点型数据
next()       // 从键盘接收字符串类型数据，读取输入直到空格，不能读取由空格隔开的单词
nextLine()   // 从键盘接收字符串类型数据，读取输入时包括单词之间的空格和除回车符以外的所有符号
```

上述方法执行时，程序都会阻塞，等待用户输入数据，输入完成后，按【Enter】键确认。

【例 2-3】 从键盘输入两个整型数据，计算这两个整型数据的和，并输出显示。

【例题分析】

对于整型数据的输入，需要使用 Scanner 类提供的 nextInt()方法。

【程序实现】

```
import java.util.Scanner;                         // 导入 Scanner 类所在的包
public class Example2_3 {
    public static void main(String[] args) {
        System.out.println("请输入两个整型数据: ");
        Scanner reader = new Scanner(System.in);   // 创建 Scanner 类的对象 reader
        int a = reader.nextInt();                  // 输入第一个整型数据
        int b = reader.nextInt();                  // 输入第二个整型数据
        int sum = a + b;
        System.out.println(a + "+" + b + "=" + sum);
    }
}
```

【运行结果】

```
请输入两个整型数据:
12  34
12+34=46
```

对于数据的输入,只需要创建一个 Scanner 类的对象,就可以满足输入不同类型的数据或者输入多个数据的需要,不需要创建多个对象进行数据的输入。

【任务实践 2-2】 购房贷款计算

【任务描述】

商业贷款是时下不少购房者的选择。银行贷款有两种贷款方式,分别是等额本息法和等额本金法。其中,等额本息法是指把贷款的本金总额与利息总额相加,然后将相加后的总额平均分摊到还款期限的每个月中。还款人每个月还给银行固定的金额,但每个月还款金额中的本金比重逐月递增,利息比重逐月递减。

每月还款金额的计算公式是:

$$y = \frac{ar(1+r)^n}{(1+r)^n - 1}$$

其中:

- y ——每月的还款金额(单位为元);
- a ——贷款总金额(单位为元);
- n ——贷款总月数;
- r ——月利率。

请输入贷款总金额 a、贷款总月数 n 和月利率 r,计算并输出每月的还款金额 y。

【任务分析】

(1)通过 Scanner 类创建输入对象,从键盘读入贷款总金额 a、贷款总月数 n 和月利率 r。

(2)根据公式计算每月还款金额,公式中有$(1+r)$的 n 次幂的计算,使用 Math 类的 pow() 方法。

(3)输出还款金额。

【任务实现】

```java
import java.util.Scanner;
public class 任务实践2_2 {
    public static void main(String[] args) {
        double y,r,a;
        int  n;
        Scanner in = new Scanner(System.in);
        System.out.print("请输入贷款总金额(元): ");
        a = in.nextDouble();
        System.out.print("请输入贷款总月数: ");
        n = in.nextInt();
        System.out.print("请输入月利率: ");
        r = in.nextDouble();
        y = a * r * Math.pow(1 + r, n) / (Math.pow(1 + r, n) - 1);
```

```
        System.out.println("每月的还款金额为: " + y + "元。");
    }
}
```

【实现结果】

请输入贷款总金额(元): 200000
请输入贷款总月数: 120
请输入月利率: 0.0058
每月的还款金额为: 2318.0485842145813 元。

任务 2.5　运算符与表达式

描述各种不同运算的符号称为运算符。用运算符把操作数连接而成的式子称为表达式。根据操作数的个数，运算符可分为单目运算符、双目运算符和三目运算符。表达式的类型由运算符的类型决定，可分为算术表达式、关系表达式、逻辑表达式、赋值表达式、条件表达式等。

2.5.1　算术运算符与算术表达式

微课 2-7

算术运算

算术运算符分为双目运算符和单目运算符。算术表达式也称为数值型表达式，由算术运算符、数值型常量和变量、方法调用以及圆括号组成，其运算结果为数值。Java 中的算术运算符如表 2-8 所示。

表 2-8　算术运算符

运算符	含义	用法	结合方向
+	正	+op1	从右向左
-	负	-op1	从右向左
+	加	op1+op2	从左向右
-	减	op1-op2	从左向右
*	乘	op1*op2	从左向右
/	除	op1/op2	从左向右
%	取模	op1%op2	从左向右
++	自增	++op1	从右向左
		op1++	从右向左
--	自减	--op1	从右向左
		op1--	从右向左

1. 双目运算符

双目运算符是人们比较熟悉的运算符，需要两个操作数参与，通常得出一个结果。双目运算符有加号（+）、减号（-）、乘号（*）、除号（/）、取模号（%）5 种，下面介绍其中两种。

（1）除法运算符：在进行除法运算时，当除数和被除数都为整数时，得到的结果也是一个整数。如果除法运算有浮点型数据参与，得到的结果会是一个带小数的浮点型数据。例如，15/4 得到的结果是 3，而 15.0/4 得到的结果是 3.75。

（2）取模运算符：取模运算用来求余数，运算结果的正负号与被模数（%左边的数）相同。例如，-5%3 等于-2，5%(-3)等于 2，(-5)%(-3)等于-2，5%3 等于 2。

> **注意** 在 Java 中表示数学中的乘法时，乘号"*"不能省略。例如，6*a 不能写成 6a 或者 6·a。

2. 单目运算符

单目运算符可以和一个变量构成一个算术表达式。常见的单目运算符有正号（+）、负号（-）、自增运算符（++）和自减运算符（--）。自增运算时，变量的值增加 1，自减运算时，变量的值减 1。自增、自减运算符有两种用法。

（1）前置运算，即运算符放在变量之前，如++i、--j。变量的值先增（或减）1，然后以变化后的值参与其他运算，即"先增减，后运算"。例如：

```java
int i=1;
int j=++i;
System.out.print("i="+i);
System.out.print("j="+j);
```

代码的运行结果为：i=2、j=2。在进行"j=++i"运算时，由于运算符++写在了变量 i 的前面，属于先自增再运算，因此 i 先进行自增运算，由原来的 1 变为 2，然后进行赋值运算，变量 j 的值就是 2，i 的值也是 2。

（2）后置运算，即运算符放在变量之后，如 i++、j--。变量先参与其他运算，然后增（或减）1，即"先运算，后增减"。例如：

```java
int i=1;
int j=i++;
System.out.print("i="+i);
System.out.print("j="+j);
```

代码的运行结果为：i=2、j=1。在进行"j=i++"运算时，由于运算符++写在了变量 i 的后面，属于先运算再自增，因此 i 在参与赋值运算时值仍为 1，变量 j 的值为 1。变量 i 在参与运算之后会进行自增运算，因此 i 的值变为 2。

> **注意** 自增、自减运算符不能用于常量和表达式。例如，5++、--(a+b)等都是非法的。

【例 2-4】编程实现计算器的基本算术计算功能。

【例题分析】

定义 4 个整型变量 a、b、c、d 并分别进行初始化，输出各种算术运算符相应的运算结果。

【程序实现】

```java
public class Example2_4 {
    public static void main(String[] args) {
        int a = 10;
        int b = 20;
        int c = 25;
        int d = 25;
        System.out.println("a+b=" + (a + b));
        System.out.println("a-b=" + (a - b));
```

```
        System.out.println("a*b=" + (a * b));
        System.out.println("b/a=" + (b / a));
        System.out.println("b%a=" + (b % a));
        System.out.println("c%a=" + (c % a));
        System.out.println("a++=" + (a++));
        System.out.println("a--=" + (a--));
        System.out.println("d++=" + (d++));        // 查看 d++ 与 ++d 的不同
        System.out.println("++d=" + (++d));
    }
}
```

【运行结果】

```
a+b=30
a-b=-10
a*b=200
b/a=2
b%a=0
c%a=5
a++=10
a--=11
d++=25
++d=27
```

【任务实践 2-3】 计算 BMI

【任务描述】

从键盘输入一个人的身高和体重，根据公式计算 BMI。BMI（Body Mass Index，体重指数）是用体重（千克）数除以身高（米）数的平方得出的数值，是国际上常用的衡量人体胖瘦程度以及是否健康的一个标准。

【任务分析】

（1）通过 Scanner 类创建输入对象，从键盘读入身高、体重。

（2）根据公式计算 BMI。

（3）输出 BMI。

【任务实现】

```java
import java.util.Scanner;
public class 任务实践2_3 {
public static void main(String[] args) {
    Scanner in=new Scanner(System.in);
    double height,weight,bmi;
    System.out.print("请输入您的身高（米）: ");
    height=in.nextDouble();
    System.out.print("请输入您的体重（千克): ");
    weight=in.nextDouble();
    bmi=weight/(height*height);
    System.out.println("您的BMI为: "+bmi);
  }
}
```

【实现结果】

请输入您的身高（米）：1.73
请输入您的体重（千克）：51.6
您的 BMI 为：17.240803234321227

【任务实践 2-4】 数字反转

【任务描述】

从键盘输入一个三位正整数 *n*，将 *n* 的个位、十位、百位倒序生成一个新数字并输出。例如，输入 521，输出 125。

微课 2-8

数字反转

【任务分析】

（1）通过 Scanner 类创建输入对象，从键盘读入一个三位正整数。

（2）通过%和/运算分离数位。

（3）将其倒序组合形成新数字并输出显示。

【任务实现】

```java
import java.util.Scanner;
public class 任务实践2_4 {
public static void main(String[] args) {
        Scanner in = new Scanner(System.in);
        System.out.print("请输入一个三位正整数: ");
        int n = in.nextInt();
        int a = n / 100;                // 百位数字
        int b = n / 10 % 10;            // 十位数字
        int c = n % 10;                 // 个位数字
        System.out.println("倒序生成的数字为: " + (c * 100 + b * 10 + a));
    }
}
```

【实现结果】

请输入一个三位正整数：125
倒序生成的数字为：521

2.5.2　关系运算符与关系表达式

关系运算符用于比较两个操作数之间的关系。由关系运算符、数值型常量和变量等组成的符合 Java 规则的式子叫作关系表达式，其运算结果为逻辑值（布尔型的值）。如果满足关系，则表达式的值为真（true），否则为假（false）。常用的关系运算符如表 2-9 所示。

表 2-9　常用的关系运算符

运算符	名称	用法	结合方向
>	大于	op1>op2	从左向右
<	小于	op1<op2	从左向右
>=	大于等于	op1>=op2	从左向右
<=	小于等于	op1<=op2	从左向右

续表

运算符	名称	用法	结合方向
==	等于	op1==op2	从左向右
!=	不等于	op1!=op2	从左向右

> **注意** （1）关系运算符的结果是布尔型的值。
> （2）等于运算符"=="由两个等号组成，中间不能有空格，使用时注意不要和赋值运算符"="混淆。
> （3）">"">=""<""<="只支持左右两边操作数是数值类型的。而"==""!="两边的操作数既可以是数值类型的，又可以是引用类型的。

【例 2-5】编程实现关系运算符的各种运算。

【例题分析】

定义两个整型变量 a、b 并分别进行初始化，输出关系运算符相应的运算结果。

【程序实现】

```java
public class Example2_5 {
    public static void main(String[] args) {
        int a = 10;
        int b = 50;
        System.out.println("a == b = " + (a == b));
        System.out.println("a != b = " + (a != b));
        System.out.println("a > b = " + (a > b));
        System.out.println("a < b = " + (a < b));
        System.out.println("b >= a = " + (b >= a));
        System.out.println("b <= a = " + (b <= a));
    }
}
```

【运行结果】

```
a == b = false
a != b = true
a > b = false
a < b = true
b >= a = true
b <= a = false
```

2.5.3　逻辑运算符与逻辑表达式

编写程序时，如果一个条件比较复杂，就需要用逻辑运算符来表示。例如，要描述"x>=2"和"x<=10"两个条件同时成立或至少一个条件成立。其中，"同时""至少一个"等运算称为逻辑运算。通过逻辑运算符将一个或多个表达式连接起来，组成的符合 Java 规则的式子称为逻辑表达式。逻辑表达式也具有确定的值。若逻辑表达式成立，则该逻辑表达式的值为 true；若逻辑表达式不成立，则该逻辑表达式的值为 false。Java 提供的逻辑运算符如表 2-10 所示。

微课 2-9

逻辑运算

表 2-10　逻辑运算符

运算符	含义	用法	结合方向
&&	短路与	op1&&op2	从左向右
||	短路或	op1||op2	从左向右
!	非	!op1	从右向左
&	与	op1&op2	从左向右
|	或	op1|op2	从左向右

1. 逻辑运算符

Java 提供了 5 个逻辑运算符，可分为 3 种类型。

- 逻辑与（相当于"同时""两个都"）："&&""&"。
- 逻辑或（相当于"或者""至少一个"）："||""|"。
- 逻辑非（相当于"否定"）：!。

其中"&&""&""||""|"是双目运算符，要求运算符两边都有操作数。例如：

```
(a>=3)&&(a<=20)
(m>3)||(n<=12)
```

"!"是单目运算符，只要求有一个操作数。例如：

```
!(num>3)
```

2. 逻辑运算符的运算规则

（1）运算符"&"和"&&"都表示与操作，当且仅当运算符两边的值都为 true 时，结果才为 true，否则结果为 false。运算符"&"和"&&"在使用时有一定的区别，使用"&"进行运算时，无论左边的值为 true 还是 false，右边的部分都会进行运算。如果使用"&&"进行运算，当左边表达式的值为 false 时，右边表达式的值不会进行运算，因此"&&"表示短路与操作。

【例 2-6】编写程序验证"&&"与"&"运算符的区别。

【例题分析】

"&&""&"都是逻辑与运算符，不同之处在于"&&"表示短路与操作，当左边表达式的值为 false 时，不再计算"&&"右边表达式的值。

【程序实现】

```java
public class Example2_6 {
    public static void main(String[] args) {
        int x = 0;
        int y = 0;
        int z = 0;
        boolean a, b;
        a = x > 10 & ++y > 10;
        System.out.println(a);
        System.out.println("y=" + y);
        b = x > 10 && ++z > 10;
        System.out.println(b);
        System.out.println("z=" + z);
    }
}
```

【运行结果】

```
false
y=1
false
z=0
```

（2）运算符"|"和"||"都表示或操作，当运算符两边的操作数任何一边的值为 true 时，其结果为 true，只有两边的值都为 false 时，其结果才为 false。和逻辑与运算符类似，"||"表示短路或操作，当运算符"||"左边表达式的值为 true 时，右边的表达式就不会进行计算。例如：

```
int x=0;
int y=0;
boolean b=x==0||y++>0;
```

上面的代码块执行完毕，b 的值为 true，y 的值仍为 0。运算符"||"左边 x==0 的结果为 true，右边的表达式不再进行运算，y 的值不变。

> **注意** 数学中的"2<*a*<10"表示范围，在 Java 中不能写成"2<*a*<10"，应写成"2<a&&a<10"的形式。

2.5.4 赋值运算符与赋值表达式

由赋值运算符连接组成的表达式称为赋值表达式，最常用的是简单赋值运算符"="，将赋值运算符右边表达式的运算结果赋给左边的变量。简单赋值运算符"="是一个双目运算符，其语法格式如下。

```
变量类型 变量名 = 所赋的值；
```

赋值运算符"="左边必须是一个变量，而右边所赋的值可以是任何数值或包括变量、常量等的有效表达式。例如：

```
int x=10;              // 声明 int 型变量 x，并给 x 赋值 10
int y=5;               // 声明 int 型变量 y，并给 y 赋值 5
int z=x+y;             // 声明 int 型变量 z，并将 x+y 的值赋给 z
```

另外，还有复合赋值运算符，即在简单赋值运算符之前添加一个双目运算符。常用的赋值运算符如表 2-11 所示。

表 2-11　赋值运算符

运算符	含义	用法	结合方向
=	赋值	op1=op2	从右向左
+=	加等于	op1+=op2	从右向左
-=	减等于	op1-=op2	从右向左
*=	乘等于	op1*=op2	从右向左
/=	除等于	op1/=op2	从右向左
%=	模等于	op1%=op2	从右向左

例如：

```
i=i+5;
```

可以用复合赋值运算符"+="表示，写成一种简洁的格式：

```
i+=5;
```

赋值运算符的优先级比算术运算符、关系运算符和逻辑运算符低，即先求表达式的值，然后将表达式的值赋给变量。

> **注意** 在 Java 中可以把赋值运算符连在一起使用，例如：
>
> ```
> int x,y,z;
> x=y=z=10;
> ```
>
> 在这个语句中，变量 x、y、z 得到同样的值 10。赋值运算符的结合方向为从右向左，即先把 10 赋给 z，再把 z 的值赋给 y，最后把 y 的值赋给 x。

【任务实践 2-5】 数据交换

【任务描述】

从键盘输入两个整数 a 和 b，然后交换这两个整数的值，并输出交换前和交换后 a、b 的值。

【任务分析】

（1）通过 Scanner 类创建输入对象，从键盘读入两个整数。

（2）通过第 3 个变量实现数据交换。

（3）输出交换前和交换后 a、b 的值。

【任务实现】

```java
import java.util.Scanner;
public class 任务实践2_5 {
public static void main(String[] args) {
    Scanner scanner = new Scanner(System.in);
    System.out.print("请输入第一个整数 a: ");
    int a = scanner.nextInt();
    System.out.print("请输入第二个整数 b: ");
    int b = scanner.nextInt();
    System.out.println("交换前: a = " + a + ", b = " + b);
    int temp = a;// 交换a和b的值
    a = b;
    b = temp;
    System.out.println("交换后: a = " + a + ", b = " + b);
    }
}
```

【实现结果】

```
请输入第一个整数 a: 10
请输入第二个整数 b: 20
交换前: a = 10, b = 20
交换后: a = 20, b = 10
```

2.5.5 条件运算符与条件表达式

由运算符"?"和":"组成的表达式称为条件表达式。条件运算符是一个三目运算符，条件运算符的一般格式为：

表达式 1?表达式 2:表达式 3

其中，表达式 1 为布尔表达式，当表达式 1 的值为 true 时，运算结果等于表达式 2 的值；否则运算结果等于表达式 3 的值。例如：

```
int x=6,y=2,z;
z=x>y?x-y:x+y;
```

这里要计算 z 的值，首先判断 "x>y" 表达式的值，很明显，"x>y" 表达式的值为 true，z 的值为 x-y，所以 z 的值为 4。

【例 2-7】编写程序，从键盘输入两个整数，使用条件运算符计算出两个整数的最大值并输出。

【例题分析】

数据的输入需要借助于 Scanner 类，要定义一个变量 max 保存最大值，通过条件运算找出两个整数的最大值，并赋给变量 max，最后输出 max 的值。

微课 2-10

两个数求最值

【程序实现】

```
import java.util.Scanner;
public class Example2_7 {
    public static void main(String[] args) {
        Scanner in = new Scanner(System.in);
        System.out.print("请输入第一个整数: ");
        int a = in.nextInt();
        System.out.print("请输入第二个整数: ");
        int b = in.nextInt();
        int max = a > b ? a : b;
        System.out.println(a + "和" + b + "的最大值为" + max);
    }
}
```

【运行结果】

```
请输入第一个整数: 14
请输入第二个整数: 67
14 和 67 的最大值为 67
```

任务 2.6　数据类型转换

类型转换是将变量从一种类型更改为另一种类型的过程。Java 对数据类型的转换有严格的规定，数据从占用存储空间较小的类型转换为占用存储空间较大且兼容的类型时，会进行自动类型转换；反之，必须进行强制类型转换。

2.6.1　自动类型转换

自动类型转换也叫隐式类型转换，指的是两种数据类型在转换的过程中不需要显式声明。要实现自动类型转换必须满足两个条件：第一个条件是两种类型彼此兼容，第二个条件是目标类型的取值范围要大于源类型的取值范围。转换规则是：

```
byte、short、char->int->long->float->double
```

（1）整型之间可以实现转换，如 byte 型的数据可以赋值给 short、int、long 型的变量，short、char 型的数据可以赋值给 int、long 型的变量，int 型的数据可以赋值给 long 型的变量。

（2）整型转换为 float 型，如 byte、short、int 型的数据可以赋值给 float 型的变量。

（3）其他类型转换为 double 型，如 byte、short、char、int、long、float 型的数据可以赋值给 double 型的变量。

（4）整型转换为 char 型，0~65535 的整型数据可以赋值给 char 型的变量，因为在计算机中存放的是 char 类型数据的 unicode。

例如：

```
byte x=10;
int y=x;                // 将 byte 型变量 x 的值转换成 int 型并赋值给变量 y
double d=3.14f;         // 将 float 型数据 3.14 转换成 double 型并赋值给变量 d
char ch=97;             // 等价于 char ch='a';
```

2.6.2　强制类型转换

强制类型转换也称为显式类型转换，指的是两种数据类型之间的转换需要进行显式声明。当两种类型彼此不兼容或者目标类型的取值范围小于源类型的取值范围时，无法进行自动类型转换，这时就需要进行强制类型转换。

强制类型转换的语法格式如下。

```
目标类型  变量名=(目标类型)值;
```

例如：

```
int x=12;
byte b=(byte)x;
int a=(int)124.56;
long y=(long)78.23F;
```

需要注意的是，在对变量进行强制类型转换时，会发生取值范围较大的数据类型向取值范围较小的数据类型转换的情况，如将一个 int 型的变量转换为 byte 型，这样做很容易使这些变量的值超出目标类型的取值范围，造成数据溢出。

> **注意**
> （1）boolean 型的值不能被转换为其他数据类型，其他数据类型也不能转换为 boolean 型。
> （2）变量在表达式中进行运算时，也有可能发生自动类型转换，这就是表达式数据类型的自动提升。如一个 byte 型的变量在运算期间会自动提升为 int 型。例如：
> ```
> byte x=12;
> byte y=10;
> byte z=(byte)(x+y);
> ```

上面的例子在进行 x+y 运算期间，变量 x 和 y 都被自动提升为 int 型，表达式的运算结果就变成了 int 型，这时如果将结果直接赋值给 byte 型变量会报错，需要进行强制类型转换。

借用 Java 的基本数据类型和基本的运算符可以解决一般的数学运算问题，但是也可能存在运算结果"不够精确"的问题。比如以下代码：

```
double d = 1.0-0.66;
System.out.println(d);
```

执行结果是 0.33999999999999997，这是由于 double 型数据出现了"精度失真"的问题。在要求数值很精确的情况下，最好使用 Java 中的 BigDecimal 等封装类进行计算。这要看软件业务的实际需求和应用场景。因此，读者在编程实践中要尊重事实，养成科学严谨的编程习惯，培养精益求精的工匠精神。

【任务实践 2-6】 求平均值

【任务描述】

从键盘输入 3 个整数，编写程序计算这 3 个整数的平均值并输出显示。

【任务分析】

（1）通过 Scanner 类创建输入对象，从键盘读入 3 个整数。

（2）计算 3 个整数的平均值，并进行数据类型转换。

（3）输出平均值。

【任务实现】

```java
import java.util.Scanner;
public class 任务实践2_6 {
  public static void main(String[] args) {
      Scanner scanner = new Scanner(System.in);
      System.out.print("请输入第一个整数: ");
      int num1 = scanner.nextInt();
      System.out.print("请输入第二个整数: ");
      int num2 = scanner.nextInt();
      System.out.print("请输入第三个整数: ");
      int num3 = scanner.nextInt();
      double average =(double)(num1 + num2 + num3)/3;   // 计算平均值
      System.out.println("三个整数的平均值是"+average);     // 输出平均值
    }
}
```

【实现结果】

```
请输入第一个整数: 11
请输入第二个整数: 24
请输入第三个整数: 23
三个整数的平均值是 19.333333333333332
```

说明：

计算 average 时，如果不进行类型转换，赋值号右边的运算结果被认定为整型数据，将丢失小数点后的数据，造成精度损失。

```java
double average =(num1 + num2 + num3)/3;   // 计算结果中小数点后的数据丢失
```

当然，这一运算也可以用下面的语句代替。

```java
double average =(num1 + num2 + num3)/3.0;   // 计算平均值
```

项目分析

收集学生的学号、姓名、性别、年龄以及各科考试成绩（3 门课），从键盘输入这些基本数据，并计算学生的平均成绩，以及所有课程的最高分和最低分等，通过这些数据构建学生"画像"。

项目实施

```java
public class 学生画像 {
```

```java
public static void main(String[] args) {
    Scanner scanner = new Scanner(System.in);
    System.out.print("请输入学生的学号: ");
    String studentId = scanner.next();
    System.out.print("请输入学生的姓名: ");
    String name = scanner.next();
    System.out.print("请输入学生的性别（男/女）: ");
    String gender = scanner.next();
    System.out.print("请输入学生的年龄: ");
    int age = scanner.nextInt();
    System.out.print("请输入第一门课程的成绩: ");
    double score1 = scanner.nextDouble();
    System.out.print("请输入第二门课程的成绩: ");
    double score2 = scanner.nextDouble();
    System.out.print("请输入第三门课程的成绩: ");
    double score3 = scanner.nextDouble();
    double averageScore = (score1 + score2 + score3) / 3;    // 计算平均成绩
    double maxScore = score1>score2?score1:score2;           // 计算最高分
    maxScore = score3>maxScore?score3:maxScore;
    double minScore = score1<score2?score1:score2;           // 计算最低分
    minScore = score3<minScore?score3:minScore;
    System.out.println("===============学生\"画像\"================");
    System.out.println("学号: " + studentId);
    System.out.println("姓名: " + name);
    System.out.println("性别: " + gender);
    System.out.println("年龄: " + age);
    System.out.printf("平均成绩: %.2f\n", averageScore);
    System.out.println("最高分: " + maxScore);
    System.out.println("最低分: " + minScore);
    }
}
```

学生"画像"的结果如下。

```
请输入学生的学号: 2024030212
请输入学生的姓名: 张思睿
请输入学生的性别（男/女）: 男
请输入学生的年龄: 18
请输入第一门课程的成绩: 87.5
请输入第二门课程的成绩: 90
请输入第三门课程的成绩: 92
===============学生"画像"================
学号: 2024030212
姓名: 张思睿
性别: 男
年龄: 18
平均成绩: 89.83
最高分: 92
最低分: 87.5
```

项目实训　语法基础的综合应用——文具商城库存清单

【项目描述】

编写一个模拟文具商城库存清单的程序，输出库存中每种商品的详细信息以及所有商品的汇总信息。每种商品的详细信息包括产品名称、品牌、型号规格、单价、库存量、库存金额，所有商品的汇总信息包括总库存数量和库存商品总金额。

【项目分析】

文具商城库存产品的数据是变化的，需要定义多个变量保存数据。产品名称：String 类型；品牌：String 类型；型号规格：String 类型；单价：double 类型；库存量：int 类型；库存金额：double 类型。

清单底部包含统计信息，需要经过计算后打印输出总库存数量和库存商品总金额。定义 int 类型变量保存总库存数量，定义 double 类型变量保存库存商品总金额。

【项目实现】

```java
public class StoreList {
    public static void main(String[] args) {
        String penName = "中性笔";                // 定义中性笔的信息
        String penBrand = "晨光";
        String penModel = "M&G-101";
        double penPrice = 2.5;
        int penQuantity = 120;
        String ballPenName = "走珠笔";            // 定义走珠笔的信息
        String ballPenBrand = "得力";
        String ballPenModel = "Deli202";
        double ballPenPrice = 5.0;
        int ballPenQuantity = 60;
        String pencilName = "铅笔";               // 定义铅笔的信息
        String pencilBrand = "中华";
        String pencilModel = "ZH-HB";
        double pencilPrice = 1.0;
        int pencilQuantity = 200;
        System.out.println("\t\t 文具商城库存清单");
        System.out.println("------------------------------------------------");
        System.out.println("产品名称\t 品牌\t 型号规格\t 单价\t 库存量\t 库存金额");
        // 输出中性笔的库存信息
        System.out.println(penName + "\t" + penBrand + "\t" + penModel + "\t" + penPrice
+ "\t" + penQuantity + "\t" + (penPrice * penQuantity));
        // 输出走珠笔的库存信息
        System.out.println(ballPenName + "\t" + ballPenBrand + "\t" + ballPenModel +
"\t" + ballPenPrice + "\t" + ballPenQuantity + "\t" + (ballPenPrice * ballPenQuantity));
        // 输出铅笔的库存信息
        System.out.println(pencilName + "\t" + pencilBrand + "\t" + pencilModel + "\t"
+ pencilPrice + "\t" + pencilQuantity + "\t" + (pencilPrice * pencilQuantity));
        // 计算总库存量和总库存金额
        int totalQuantity = penQuantity + ballPenQuantity + pencilQuantity;
        double totalValue = (penPrice * penQuantity) + (ballPenPrice * ballPenQuantity)
+ (pencilPrice * pencilQuantity);
        System.out.println("------------------------------------------------");
        // 输出总库存量和总库存金额
        System.out.println("总库存量: " + totalQuantity);
```

```
        System.out.println("总库存金额: " + totalValue);
    }
}
```

【实现结果】

```
        文具商城库存清单
------------------------------------------------

产品名称     品牌     型号规格       单价     库存量     库存金额
中性笔       晨光     M&G-101      2.5     120      300.0
走珠笔       得力     Deli202      5.0     60       300.0
铅笔         中华     ZH-HB        1.0     200      200.0

------------------------------------------------
总库存量: 380
总库存金额: 800.0
```

项目小结

　　本项目学习了 Java 的语法基础：常量、变量的定义；Java 的基本数据类型；常见运算符的使用；数据类型转换等。通过本项目的学习，读者应掌握 Java 的基本类型、变量和运算符的使用方法，并能够应用这些基础知识解决现实问题。本项目的知识点如图 2-2 所示。

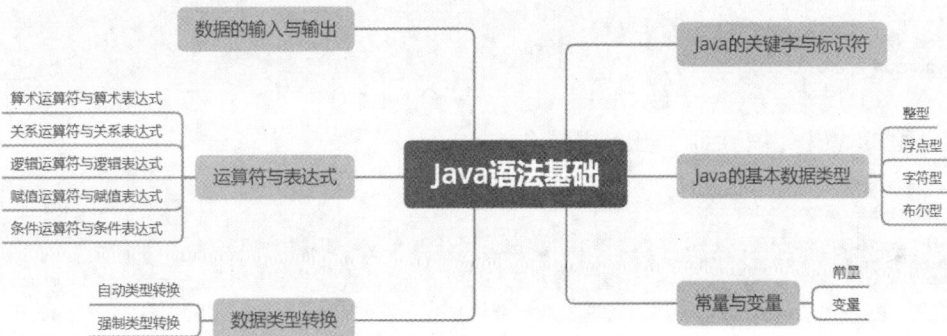

图 2-2　项目 2 的知识点

自我检测

一、选择题

1. 下列哪个叙述是正确的？（　　　）

　　A. 5.0/2+10 的结果是 double 型数据　　　　B. (int)5.8+1.0 的结果是 int 型数据

　　C. '你'+'好'的结果是 char 型数据　　　　　D. (short)10+'a'的结果是 short 型数据

2. 下面哪个单词是 Java 的关键字？（　　　）

　　A. Double　　　　　B. int　　　　　C. string　　　　　D. bool

3. 下面哪个是 Java 中正确的标识符？（　　　）

　　A. byte　　　　　B. $x　　　　　C. 125x　　　　　D. ..cn

4. 在 Java 中，整型常量不可以是（　　　）型的。

　　A. double　　　　　B. long　　　　　C. int　　　　　D. byte

5. 下面哪条语句能定义字符型变量 chr？（　　　）
   A. char chr='abcd';　　　　　　　　　B. char chr='\uabcd';
   C. char chr="abcd";　　　　　　　　　D. char chr=\uabcd;

6. 下面哪条语句不能定义 float 型变量 f1？（　　　）
   A. float f1= 5.24E10f;　　　　　　　　B. float f1=3.14;
   C. float f1=10.567F;　　　　　　　　　D. float f1=5.23f;

7. 语句 byte b=011;System.out.println(b);的输出结果为（　　　）。
   A. B　　　　　　　B. 11　　　　　　　C. 9　　　　　　　D. 011

8. 执行下面的代码段后，i 和 j 的值分别是（　　　）。
```
int i=1;
int j;
j=i++;
```
   A. 1,1　　　　　　B. 1,2　　　　　　C. 2,1　　　　　　D. 2,2

9. 下面的语句执行后，输出结果是（　　　）。
```
System.out.println((5>3)?10:20);
```
   A. 10　　　　　　B. 20　　　　　　C. 5　　　　　　D. 3

10. 下面的代码段执行后，输出结果是（　　　）。
```
System.out.print(100%3);
System.out.print(",");
System.out.print(100%3.0);
```
   A. 1.0,1　　　　　B. 1,1　　　　　C. 1,1.0　　　　　D. 1.0,1.0

11. 下面的代码段执行后，输出结果是（　　　）。
```
int x=30,y=40;
boolean b;
b=x>50&&y>60||x>50&&y<-60||x<-50&&y>60||x<-50&&y<-60;
System.out.println(b);
```
   A. true　　　　　B. false　　　　　C. 1　　　　　D. 0

12. 对下面赋值语句的描述，正确的是（　　　）。
```
int x=(int)12345.6;
```
   A. 编译出错　　　　　　　　　　　　　B. 正确赋值，x 的值为 12345
   C. 正确赋值，x 的值为 12345.6　　　　D. 正确赋值，x 的值为 12346

13. Java 中，定义常量的关键字是（　　　）。
   A. final　　　　　B. #define　　　　C. float　　　　D. const

14. 数学算式 x≥y≥z，使用 Java 的表达式（　　　）表示。
   A. (x>=y)&&(y>=z)　　　　　　　　　B. (x>=y)and(y>=z)
   C. x>=y>=z　　　　　　　　　　　　　D. x>=y||y>=z

二、编程题

1. 编写程序，从键盘输入长方形的长和宽，计算长方形的面积和周长并输出。

2. 编写程序，从键盘输入 3 个整型数据，计算这 3 个整型数据的和及平均值并输出。

3. 编写程序，计算一元二次方程 $x^2+2x-3=0$ 的两个根。

项目3
猜数字游戏
——Java流程控制

03

情景导入

为了让大一新生尽快融入大学生活，班里要举行联谊晚会，需要设计一个猜数字游戏。张思睿刚刚学习了 Java 的基本语法，迫切希望能够大显身手，他认真规划了游戏的流程。游戏开始时，玩家输入猜测的数字，与系统随机生成的数字（0~100）比较。如果猜错了，给出相应的提示，让用户继续输入再次猜数，直到猜中为止，并提示玩家"恭喜您，答对了！"。

张思睿向胡老师说明了他对这个游戏的想法，胡老师告诉他，要完成这个游戏程序，还需要学习流程控制的相关知识。

胡老师安排张思睿查阅资料，了解 Java 的流程控制。然后带领张思睿制订了详细的学习计划，逐步完成猜数字游戏。接下来，他们将一起实现这个有趣的项目。让我们期待张思睿的成果吧！

项目目标

- 掌握程序流程控制结构的基本使用。
- 掌握分支结构的使用。
- 掌握循环结构的使用。
- 掌握方法的定义与调用。
- 培养正确的人生观和价值观，传承精益求精的工匠精神。

知识储备

任务 3.1 了解程序的基本结构

一般来说，程序的基本结构有 3 种：顺序结构、分支结构和循环结构。这 3 种结构有一个共同点，就是它们都只有一个入口，也只有一个出口。这些单一入口、出口可以让程序易读、好维护，也可以减少调试时间。现在以流程图的方式介绍这 3 种结构的不同。

1. 顺序结构

本书前面所讲的例子采用的都是顺序结构，程序自上而下逐行执行，一条语句执行完之后继续执行下一条语句，一直到程序的末尾，如图 3-1 所示。

2. 分支结构

分支结构（也称为选择结构）是根据条件成立与否决定要执行哪些语句的一种结构，如图 3-2 所示。当判断条件为 true 时，执行语句 1；当判断条件为 false 时，执行语句 2。无论执行哪一条语句，最后都会执行语句 3。

3. 循环结构

循环结构根据循环条件成立与否决定程序段是否重复执行。当循环条件为真时，执行的语句块称为循环体。当循环条假为假时，结束循环。一般的循环结构如图 3-3 所示。

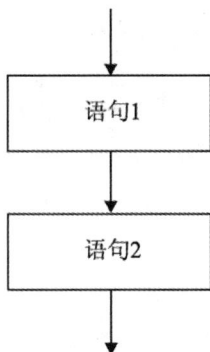

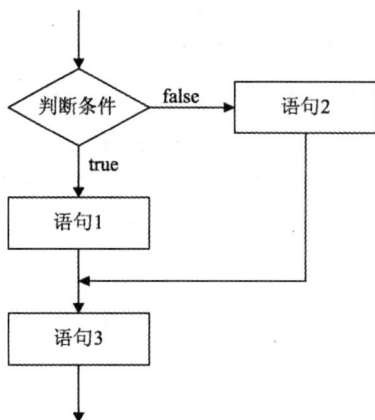

图 3-1　顺序结构　　　　图 3-2　分支结构　　　　图 3-3　循环结构

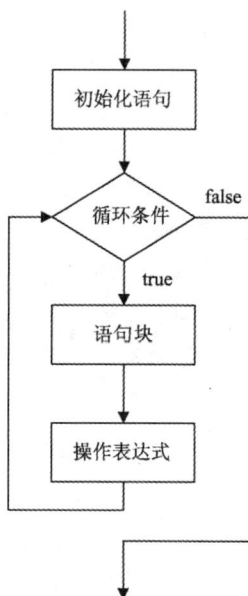

任务 3.2　分支结构

分支结构就是对语句中的条件进行判断，进而根据不同的条件值执行不同的语句。分支结构分为 if 单分支结构、if-else 双分支结构、if-else if-else 多分支结构以及 switch 多分支结构。下面对这几类分支结构一一进行介绍。

3.2.1　if 单分支结构

微课 3-1

if 单分支结构与
if-else 双分支结构

if 单分支结构用于对某种条件做出相应的处理，如果满足条件，就执行相应的操作；如果不满足条件，则什么也不做。if 语句的语法格式如下。

```
if(判断条件){
    语句
}
```

在上述语法格式中，判断条件是布尔型的，只有判断条件为 true 时，语句才会执行。如果语句只有一条，那么花括号可以省略。if 单分支结构如图 3-4 所示。

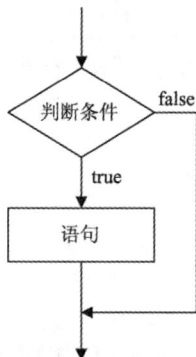

图 3-4　if 单分支结构

【例 3-1】比较两个整数的大小，然后将它们按从大到小的顺序保存并输出。

【例题分析】

比较两个整数 a、b 的大小，如果 a<b，则把 a 与 b 的值交换，否则 a 与 b 的值不变。最终，将较大的整数保存在 a 中，较小的整数保存在 b 中。

【程序实现】

```
public class Example3_1 {
    public static void main(String[] args) {
        int a=2,b=5;
        if(a<b) {
            int t;
            t=a;
            a=b;
            b=t;
        }
        System.out.println("从大到小排序后的结果为: "+a+","+b);
    }
}
```

【运行结果】

从大到小排序后的结果为: 5,2

3.2.2　if-else 双分支结构

if-else 双分支结构是分支结构中通用的结构之一，它会针对某种条件有选择地进行处理，通常表现为"如果满足某种条件，就进行某种处理，否则进行另一种处理"。if-else 语句的语法格式如下。

```
if（判断条件）{
    语句 1
}else{
    语句 2
}
```

在上述语法格式中，判断条件是布尔型的。当判断条件为 true 时，执行语句 1。当判断条件为 false 时，执行语句 2。如果语句 1 或语句 2 只包含一条语句，那么它外面的花括号可以省略。

if-else 双分支结构如图 3-5 所示。

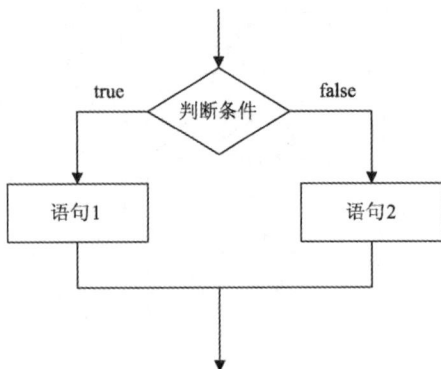

图 3-5　if-else 双分支结构

【例 3-2】对两个整数进行大小比较，输出较大的数。

【例题分析】

比较两个数的大小可使用基本的比较运算符实现，借用 if-else 双分支结构实现比较过程，将较大的数保存到第 3 个变量中。

【程序实现】

```
public class Example3_2 {
    public static void main(String[] args) {
        int x = 0, y = 1;
        int max;
        if (x > y) {
            max = x;
        } else {
            max = y;
        }
        System.out.println("较大的数是: " + max);
    }
}
```

【运行结果】

```
较大的数是: 1
```

用 if-else 双分支结构实现的功能也可以用前面所学的条件运算符实现，上述代码中的 if-else 双分支结构可以使用下面的三目表达式代替。

```
int max=x>y?x:y;
```

【任务实践 3-1】　立春习俗活动指南

【任务描述】

为弘扬二十四节气文化，设计立春专属活动推荐程序。用户输入当日温度，程序通过 if-else 双分支判断：气温 ≥10℃时推荐"郊外踏青"等户外活动，否则推荐"家庭春卷制作"等室内活动。

【任务分析】

（1）使用 if-else 双分支结构判断温度阈值。

（2）输出推荐活动。

【任务实现】

```java
import java.util.Scanner;
public class 任务实践 3_1 {
 public static void main(String[] args) {
    Scanner input = new Scanner(System.in);
    System.out.println("=== 立春习俗活动指南 ===");
    System.out.print("请输入当前温度(℃):");
    int temperature = input.nextInt();
    if (temperature >= 15) {
       System.out.println("→推荐活动【踏青放纸鸢】");
       System.out.println(" 踏青正当时，传承千年非遗技艺! ");
    } else {
       System.out.println("→推荐活动【制作春卷】");
       System.out.println(" 咬春纳福习俗美，体验非遗饮食文化! ");
    }
 }
}
```

【实现结果】

```
=== 立春习俗活动指南 ===
请输入当前温度(℃):1
→推荐活动【制作春卷】
 咬春纳福习俗美，体验非遗饮食文化!
```

3.2.3 if-else if-else 多分支结构

if-else if-else 多分支结构用于针对某一事件的多种情况进行处理，通常表现为"如果满足某种条件，则进行某种处理；如果满足另一种条件，则进行另一种处理"。if-else if-else 多分支结构的语法格式如下。

```
if(判断条件 1){
    语句 1
}else if(判断条件 2){
    语句 2
}
......
else if(判断条件 n){
    语句 n
}else{
    语句 n+1
}
```

微课 3-2

if-else if-else 多分
支结构与 switch
多分支结构

在上述语法格式中，判断条件是布尔型的。当判断条件 1 为 true 时，执行语句 1。当判断条件 1 为 false 时，继续执行判断条件 2。如果判断条件 2 为 true，则执行语句 2，以此类推。如果所有的判断条件都为 false，则意味着所有条件均未满足，执行语句 $n+1$。如果分支语句只包含一条语句，那么它外面的花括号可以省略。if-else if-else 多分支结构如图 3-6 所示。

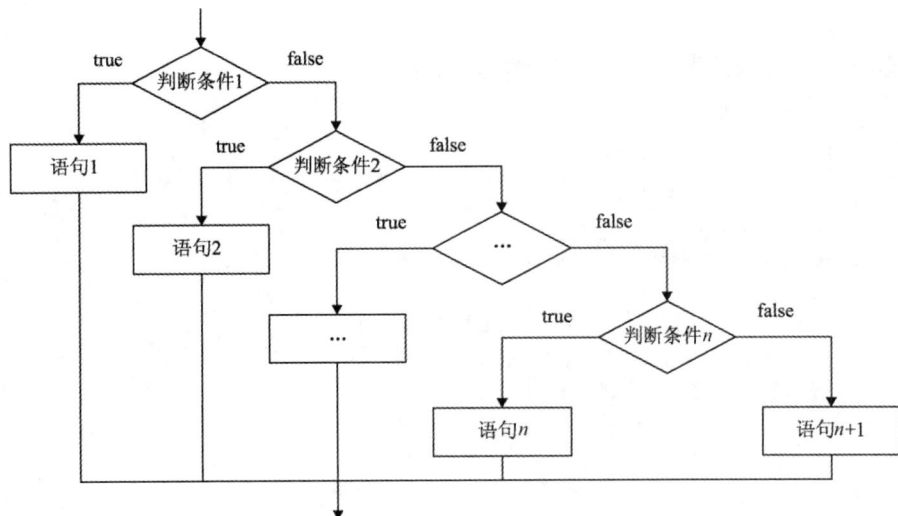

图 3-6　if-else if-else 多分支结构

【例 3-3】对一个学生的考试成绩进行等级划分，如果分数大于 80 分，则成绩等级为优；如果分数大于 70 分，则成绩等级为良；如果分数大于 60 分，则成绩等级为中；否则成绩等级为差。

【例题分析】

学生的成绩可划分为优、良、中、差 4 个等级，因此，需要根据学生的成绩进行多次判断来确定学生的成绩等级。

【程序实现】

```java
public class Example3_3 {
    public static void main(String[] args) {
        int grade = 75;
        if (grade > 80) {
            System.out.println("成绩等级为优");
        } else if (grade > 70) {
            System.out.println("成绩等级为良");
        } else if (grade > 60) {
            System.out.println("成绩等级为中");
        } else {
            System.out.println("成绩等级为差");
        }
    }
}
```

【运行结果】

成绩等级为良

3.2.4　switch 多分支结构

switch 多分支结构也是一种常用的分支结构。和使用 if 分支结构不同，switch 多分支结构只能针对某个表达式的值做出判断，从而决定程序执行哪一段代码。switch 多分支结构的语法格式如下。

```java
switch(表达式){
```

```
case 目标值 1:
   语句 1
   break;
case 目标值 2:
   语句 2
   break;
......
case 目标值 n:
   语句 n
   break;
default:
   语句 n+1
   break;
}
```

在上面的语句中，switch 多分支结构将表达式的值与每个 case 后的目标值进行匹配，如果找到了匹配的目标值，就执行对应的语句。

注意：switch 后面的表达式的值可以是 byte、short、int 和 char 型，JDK 1.7 及以后的版本中表达式的值也可以是 String 型。case 分支可以有多个，且顺序可以改变。当 case 后面的常量与 switch 后面的表达式的值都不相等时，执行 default 语句，default 语句可省略不写。break 语句的作用是跳出当前的 switch 多分支结构。如果没有 break 语句，则其后的 case 语句也将被一一执行。

【例 3-4】使用 1~7 表示星期一到星期日，根据输入的数字输出对应中文格式的星期值。

【例题分析】

在 switch 语句中，使用用户输入的数字进行分支判断，当 case 后的值与输入的数字匹配时，执行对应 case 分支的语句。

【程序实现】

```java
import java.util.Scanner;
public class Example3_4 {
    public static void main(String[] args) {
        System.out.println("请输入一个数字（1~7）: ");
        Scanner input=new Scanner(System.in);
        int week=input.nextInt();
        switch(week) {
        case 1:
            System.out.println("星期一");
            break;
        case 2:
            System.out.println("星期二");
            break;
        case 3:
            System.out.println("星期三");
            break;
        case 4:
            System.out.println("星期四");
            break;
        case 5:
```

```
            System.out.println("星期五");
            break;
        case 6:
            System.out.println("星期六");
            break;
        case 7:
            System.out.println("星期日");
            break;
        default:
            System.out.println("输入的数字不正确");
            break;
        }
    }
}
```

【运行结果】

请输入一个数字（1~7）:
5
星期五

3.2.5　分支结构的嵌套

分支结构的嵌套就是指在分支结构的子句中又包含一个或多个分支结构，这样的结构一般用在比较复杂的程序中，例如，下面的分支嵌套结构。

微课 3-3

分支结构的嵌套

```
if(判断条件1) {
    if(判断条件2) {
        语句块1
    }else {
        语句块2
    }
}else{
    if(判断条件3){
        语句块3
    }else{
        语句块4
    }
}
```

上面的分支嵌套结构如图 3-7 所示。

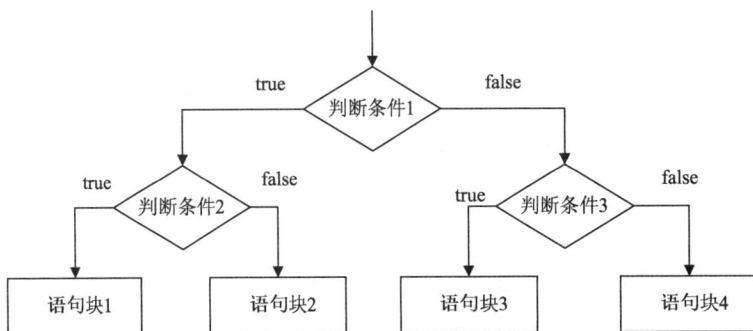

图 3-7　分支嵌套结构

【例 3-5】判断用户给定的年份是闰年还是平年。

【例题分析】

闰年（leap year）是为了弥补因人为历法规定造成的年度天数与地球实际公转周期的时间差而设立的。补上时间差的年份为闰年。闰年共有 366 天（1 月~12 月分别为 31 天、29 天、31 天、30 天、31 天、30 天、31 天、31 天、30 天、31 天、30 天、31 天）。

闰年可分为世纪闰年和普通闰年，1582 年以来的置闰规则如下。

世纪闰年：公历年份是整百数的，必须是 400 的倍数才是世纪闰年（如 1900 年不是闰年，2000 年是世纪闰年）。

普通闰年：公历年份是 4 的倍数，且不是 100 的倍数的，为普通闰年（如 2004 年、2020 年等就是普通闰年）。

【程序实现】

```java
import java.util.Scanner;
public class Example3_5 {
    public static void main(String[] args) {
        System.out.println("请输入一个年份:");
        Scanner input = new Scanner(System.in);
        int year = input.nextInt();
        if (year % 400 == 0) {
            System.out.println(year + "是闰年。");
        } else {
            if (year % 4 == 0 && year % 100 != 0) {
                System.out.println(year + "是闰年。");
            } else
                System.out.println(year + "不是闰年。");
        }
    }
}
```

【运行结果】

```
请输入一个年份:
2000
2000 是闰年。
```

对于上面的例题，也可以借用 if-else if-else 多分支结构实现。

对于使用分支结构的程序，在进行测试时，读者要选择合适的测试用例，确保每一个分支语句都被测试到，从而保证程序的正确性。

【任务实践 3-2】 分时问候

【任务描述】

按照人们的生活习惯，一般粗略地把一天分为表 3-1 所示的几个时间段。

表 3-1 一天中时间段的划分

时间段	[0,6)	[6,9)	[9,12)	[12,18)	[18,22)	[22,24)
含义	凌晨	早晨	上午	下午	晚上	深夜

在不同的时间段，人们之间的问候语也是不同的。请根据用户输入的时间，编程实现分时问候。

【任务分析】

用户输入的时间不同，程序要给出的问候语也不同，即存在多种选择或分支的情况。因此，可以使用分支结构来实现分时问候的程序。

【任务实现】

```java
import java.util.Scanner;
public class 任务实践3_2 {
    public static void main(String[] args) {
        Scanner input = new Scanner(System.in);
        System.out.println("请输入时间: ");
        int hour = input.nextInt();
        if (hour < 6) {
            System.out.println("真早啊! 三更灯火五更鸡, 正是男儿读书时。");
        } else if (hour < 9) {
            System.out.println("早上好! 一年之计在于春, 一日之计在于晨。");
        } else if (hour < 12) {
            System.out.println("上午好! 长风破浪会有时, 直挂云帆济沧海。加油! ");
        } else if (hour < 18) {
            System.out.println("下午好! 及时当勉励, 岁月不待人。继续! ");
        } else if (hour < 22) {
            System.out.println("晚上好! 有余力, 则学文。业余充电! ");
        } else {
            System.out.println("深夜要休息了! 一张一弛, 文武之道也。");
        }
    }
}
```

【实现结果】

```
请输入时间:
9
上午好! 长风破浪会有时, 直挂云帆济沧海。加油!
```

【任务实践 3-3】 简单计算器

【任务描述】

编写一个简单计算器程序，实现指定数据的加法、减法、乘法、除法运算。程序执行后，输出数据执行相应运算后的结果。简单计算器的效果如图 3-8 所示。

```
请输入第一个运算数:
3
请输入运算符:
+
请输入第二个运算数:
2
3.0+2.0=5.0
```

图 3-8　简单计算器的效果

【任务分析】

加法、减法、乘法、除法是程序中常用的 4 种算术运算，用户可以通过输入数据与算术运算符 "+" "-" "*" "/" 构建算术表达式来实现。程序根据用户的输入进行运算选择，从而得到运算结果。

【任务实现】

```java
import java.util.Scanner;
public class 任务实践3_3 {
    public static void main(String[] args) {
        Scanner input=new Scanner(System.in);
        System.out.println("请输入第一个运算数: ");
        double number1=input.nextDouble();
        System.out.println("请输入运算符: ");
        char operator=input.next().charAt(0);
        System.out.println("请输入第二个运算数: ");
        double number2=input.nextDouble();
        switch(operator) {
        case '+':
            System.out.println(number1+"+"+number2+"="+(number1+number2));
            break;
        case '-':
            System.out.println(number1+"-"+number2+"="+(number1-number2));
            break;
        case '*':
            System.out.println(number1+"*"+number2+"="+(number1*number2));
            break;
        case '/':
            if(number2!=0) {
                System.out.println(number1+"+"+number2+"="+(number1/number2));
            }
            else {
                System.out.println("除数不能为0");
            }
            break;
        default:
            System.out.println("运算符输入有误! ");
            break;
        }
    }
}
```

【实现结果】

```
请输入第一个运算数:
3
请输入运算符:
+
请输入第二个运算数:
2
3.0+2.0=5.0
```

任务 3.3 循环结构和跳转语句

循环结构是在满足一定条件下使某一段代码重复执行的结构，被重复执行的代码称为循环体。Java 提供了 3 种常用的循环结构，分别是 while 循环、do-while 循环和 for 循环。下面分别对这 3 种循环结构，以及改变循环执行流程的跳转语句进行介绍。

3.3.1 while 循环

微课 3-4

while 循环

while 循环与 3.2 节讲到的分支结构有些相似，根据循环条件来决定是否执行花括号内的语句块。区别在于，while 循环会反复进行条件判断，只要循环条件成立，语句块就会执行，直到循环条件不成立，while 循环结束。while 循环的语法格式如下。

```
while(循环条件){
    语句块
}
```

在上面的语法格式中，语句块称作循环体，循环体是否执行取决于循环条件。当循环体只包含一条语句时，花括号可以省略。当循环条件为 true 时，执行循环体。循环体执行完毕会继续判断循环条件，如果循环条件仍为 true，则继续执行，直到循环条件为 false，整个循环过程才会结束。

while 循环的流程图如图 3-9 所示。

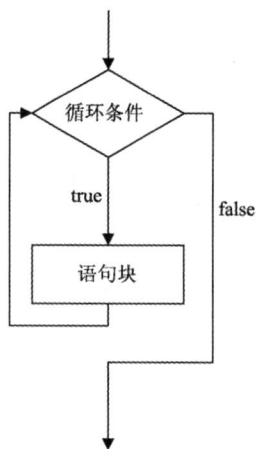

图 3-9　while 循环

【例 3-6】利用 while 循环，计算 1~100 的和。

【例题分析】

这是典型的累加和问题。这里要计算 1+2+…+100 的值，可以用 i 表示下一个要加的数，用 sum 表示累加和，然后利用 while 循环求累加和，当 i 的值超过 100 时，循环结束。

【程序实现】

```java
public class Example3_6 {
    public static void main(String[] args) {
        int i = 1, sum = 0;
        while (i <= 100) {
```

```
        sum += i;
        i++;
    }
    System.out.println("1~100 的和为: " + sum);
    }
}
```

【运行结果】

1~100 的和为: 5050

【任务实践 3-4】 判断一个数是否为素数

【任务描述】

素数也称质数,是指在大于 1 的自然数中,除了 1 和它本身不能被其他自然数整除的数。编写程序,判断一个数是否为素数。

【任务分析】

用户输入一个自然数 num,遍历从 2~num-1 的所有整数,如果存在一个数能够被 num 整除,则 num 不是素数;如果遍历结束,找不到一个数能被 num 整除,则可以判断 num 是素数。

【任务实现】

```java
import java.util.Scanner;
public class 任务实践3_4 {
 public static void main(String[] args) {
    Scanner scanner = new Scanner(System.in);
    System.out.print("请输入数字: ");
    int num = scanner.nextInt();
    int i = 2;
    boolean b = true;
    while (i < num) {
        if (num % i == 0)
            b = false;
        i++;
    }
    if (b)
        System.out.print(num + "是素数");
    else
        System.out.print(num + "不是素数");
 }
}
```

【实现结果】

请输入数字: 7
7 是素数

3.3.2 do-while 循环

do-while 循环和 while 循环功能类似,其语法格式如下。

```
do{
    语句块
}while(循环条件);
```

微课 3-5

do-while 循环

在上面的语法格式中，关键字 do 后面的语句块是循环体。当循环体只包含一条语句时，花括号可以省略。do-while 循环将循环条件放在循环体后面，这就意味着循环体会无条件地执行一次，然后根据循环条件决定是否继续执行。

do-while 循环如图 3-10 所示。

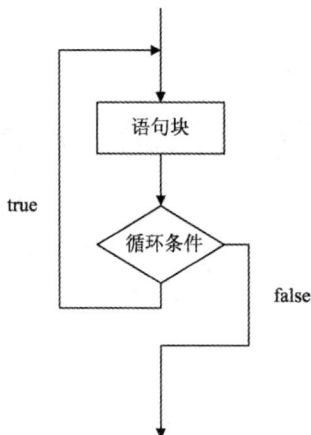

图 3-10　do-while 循环

【例 3-7】利用 do-while 循环，计算 1~100 的和。

【例题分析】

利用 do-while 循环计算累加和，需要将循环体放到循环条件之前，先执行循环体，再进行循环条件的判断，直到 i 超过 100 时停止循环。

【程序实现】

```java
public class Example3_7 {
    public static void main(String[] args) {
        int i = 1, sum = 0;
        do {
            sum += i;
            i++;
        } while (i <= 100);
        System.out.println("1~100 的和为: " + sum);
    }
}
```

【运行结果】

```
1~100 的和为: 5050
```

分别利用 while 循环和 do-while 循环实现了计算 1~100 的值，那么，这两种循环结构有什么区别呢？下面通过例题介绍 while 循环与 do-while 循环的区别。

【例 3-8】在下面的程序中分别编写了 while 循环与 do-while 循环两种循环结构，请分析这两种循环结构的执行结果，体会其区别。

```java
public class Example3_8 {
    public static void main(String[] args) {
        int number = 100;
        while (number == 60) {
            System.out.println("执行 while 循环");
        }
```

```
        do {
            System.out.println("执行do-while循环");
        } while (number == 60);
    }
}
```

【运行结果】

执行 do-while 循环

从运行结果可以看出，在 while 循环中，由于条件表达式的值为 false，因此没有执行循环体中的内容；而在 do-while 循环中，先执行一遍循环体，再判断条件表达式的值。因此，while 循环与 do-while 循环的运行结果不是完全相同的。

3.3.3 for 循环

for 循环是 Java 程序设计中常用的循环结构之一，一般用在循环次数已知的情况下。for 循环的语法格式如下。

微课 3-6

for 循环

```
for (初始化表达式;循环条件;操作表达式) {
    语句块
}
```

在上面的语法格式中，for 关键字后面的圆括号中包括 3 部分——初始化表达式、循环条件和操作表达式，它们之间用分号分隔，花括号中的语句块为循环体。当循环体只有一条语句时，花括号可以省略。

接下来分别用①表示初始化表达式，②表示循环条件，③表示操作表达式，④表示循环体，通过序号来具体分析 for 循环的执行流程。具体如下。

```
for(①;②;③){
    ④
}
```

第 1 步，执行①。

第 2 步，执行②。如果判断结果为 true，则执行第 3 步；如果判断结果为 false，则执行第 5 步。

第 3 步，执行④。

第 4 步，执行③，然后执行第 2 步。

第 5 步，退出循环。

for 循环执行流程如图 3-11 所示。

【例 3-9】利用 for 循环，计算 1~100 的和。

【例题分析】

利用 for 循环求累加和，可以将初始化语句、循环条件、操作表达式紧密地组织在一起，程序结构简洁、明了。

【程序实现】

```
public class Example3_9 {
    public static void main(String[] args) {
        int sum = 0;
        for (int i = 1; i <= 100; i++) {
            sum += i;
        }
```

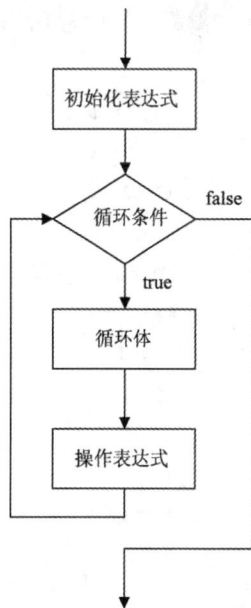

图 3-11 for 循环执行流程

```
        System.out.println("1~100 的和为: " + sum);
    }
}
```

【运行结果】

```
1~100 的和为: 5050
```

在 for 循环中，初始化表达式、循环条件、操作表达式都可以为空表达式，但此时分号不能省略。上面的循环可以写为：

```
int i=1;
for(;i<=100; i++) {
}       sum+=i;
```

综合分析 Java 实现循环的 3 种结构，while 和 do-while 循环在循环次数未知的情况下更常用，for 循环在循环次数已知的情况下编写程序更容易。但无论使用哪种循环结构，都要注意正确的语法格式和编程规范。例如，Java 语句的结束标志是分号，有的读者滥用分号，造成循环不能正确执行。

代码块 1：

```
int i,sum=0;
for(i=1;i<=100;i++){
    sum+=i;
}
System.out.println(sum);
```

代码块 2：

```
int i,sum=0;
for(i=1;i<=100;i++); {
    sum+=i;
}
System.out.println(sum);
```

代码块 1 的执行结果是 5050，而代码块 2 的执行结果是 101。对比两个代码块的不同之处可以发现，代码块 2 的 for 语句后使用了分号。读者在编写程序时要养成测试的习惯，做到细致认真、精益求精，养成良好的编程习惯。

【任务实践 3-5】 查找水仙花数

【任务描述】

水仙花数是指个位、十位和百位上 3 个数的立方和等于这个三位数本身的数（如 $153=1^3+5^3+3^3$），编写程序求出所有的水仙花数。

【任务分析】

（1）通过循环遍历所有的三位数；

（2）获取百位、十位、个位上的数字；

（3）利用 if 语句判断百位、十位、个位上的数字的立方和是否与原数字相等，判断该数是否为水仙花数。

【任务实现】

```
public class 任务实践 3_5 {
 public static void main(String[] args) {
     int n1, n2, n3;
```

```
for (int i = 100; i <= 999; i++) {
    n1 = i / 100;
    n2 = i / 10 % 10;
    n3 = i % 10;
    if (n1 * n1 * n1 + n2 * n2 * n2 + n3 * n3 * n3 == i)
        System.out.print(i + " ");
    }
  }
}
```

【实现结果】

153 370 371 407

3.3.4 跳转语句

break 和 continue 语句用于实现循环过程中程序流程的跳转，下面对这两种跳转语句进行详细介绍。

微课 3-7

break 和 continue 语句

1. break 语句

在前面介绍 switch 多分支结构时已经使用过 break 语句，用 break 语句跳出当前的 switch 多分支结构，终止下面 case 语句的执行。实际上，break 语句还可以应用在 for、while 和 do-while 循环中，用于强行退出本层循环，也就是忽略循环体中任何其他语句和循环条件。

【例 3-10】累加计算 1+2+3+4+…+100，当累加值超过 1000 时，停止累加。

【例题分析】

在求累加和的过程中，需要判断累加和是否超过 1000，如果超过 1000，则利用 break 语句跳出循环。

【程序实现】

```
public class Example3_10 {
    public static void main(String[] args) {
        int sum = 0;
        for (int i = 1; i <= 100; i++) {
            sum += i;
            if (sum > 1000) {
                System.out.println("i=" + i + " sum=" + sum);
                break;
            }
        }
    }
}
```

【运行结果】

i=45 sum=1035

2. continue 语句

continue 语句只能应用在 for、while 和 do-while 循环中，用于让程序跳过其后面的语句，进入下一次循环。

【例 3-11】对 1~100 的奇数进行求和。

【例题分析】

　　求 1~100 所有奇数的累加和，在循环过程中需要对数据的奇偶性进行判断，如果数据为偶数，则跳过本次循环，进行下一次循环。

【程序实现】

```java
public class Example3_11 {
    public static void main(String[] args) {
        int sum = 0;
        for (int i = 1; i <= 100; i++) {
            if (i % 2 == 0)
                continue;
            sum += i;
        }
        System.out.println("1~100 所有奇数的和为" + sum);
    }
}
```

【运行结果】

1~100 所有奇数的和为 2500

3.3.5　循环结构的嵌套

　　循环结构的嵌套是指一个循环体内又包含另一个循环结构。嵌套在内部的循环体中还可以再嵌套循环结构，这就构成了多重循环。嵌套的层数不要过多，嵌套层数过多会使程序变得不容易读懂。

　　【例 3-12】 输出图 3-12 所示的图形。

```
*****
*****
*****
*****
*****
```

图 3-12　5 行 5 列的星号矩形

【例题分析】

　　图 3-12 所示为 5 行 5 列的星号矩形，可以利用两层循环嵌套进行输出控制，外层循环控制行数，内层循环控制列数。

【程序实现】

```java
public class Example3_12 {
    public static void main(String[] args) {
        for (int i = 1; i <= 5; i++) {
            for (int j = 1; j <= 5; j++) {
                System.out.print("*");
            }
            System.out.println();
        }
    }
}
```

【运行结果】

*****

```
****
****
****
****
```

【例 3-13】输出图 3-13 所示的图形。

```
*
**
***
****
*****
```

图 3-13 5 行的星号三角形

【例题分析】

图 3-13 所示为 5 行的星号三角形，每一行的星号个数虽然不同，但是很有规律，第 n 行正好有 n 个星号，因此可以利用两层循环嵌套进行输出控制，外层循环控制行数，内层循环控制每行的星号个数。

【程序实现】

```java
public class Example3_13 {
    public static void main(String[] args) {
        for (int i = 1; i <= 5; i++) {
            for (int j = 1; j <= i; j++) {
                System.out.print("*");
            }
            System.out.println();
        }
    }
}
```

【运行结果】

```
*
**
***
****
*****
```

【任务实践 3-6】 九九乘法表

【任务描述】

输出九九乘法表，如图 3-14 所示。

```
1*1=1
1*2=2    2*2=4
1*3=3    2*3=6    3*3=9
1*4=4    2*4=8    3*4=12   4*4=16
1*5=5    2*5=10   3*5=15   4*5=20   5*5=25
1*6=6    2*6=12   3*6=18   4*6=24   5*6=30   6*6=36
1*7=7    2*7=14   3*7=21   4*7=28   5*7=35   6*7=42   7*7=49
1*8=8    2*8=16   3*8=24   4*8=32   5*8=40   6*8=48   7*8=56   8*8=64
1*9=9    2*9=18   3*9=27   4*9=36   5*9=45   6*9=54   7*9=63   8*9=72   9*9=81
```

图 3-14 九九乘法表

【任务分析】

乘法口诀（也叫九九歌）在我国很早就已产生了。远在春秋战国时期，九九歌就已经广泛被人们传诵。

观察图 3-14 可以得出规律：总共有 9 行，第几行就有几个表达式。同时要注意每行表达式的规律：在第 i 行中，表达式从 $1×i$ 开始，一直到 $i×i$ 结束，共有 i 个表达式。这个规律可以通过循环实现。因此，可以通过循环嵌套来控制输出，外层循环控制行数，内层循环控制列数。同时，还需要注意内层循环和外层循环之间的联系，内层循环的列数是与外层循环的行数相关的。

【任务实现】

```java
public class 任务实践3_6 {
    public static void main(String[] args) {
        int i, j;
        for (i = 1; i <= 9; i++) {
            for (j = 1; j <= i; j++) {
                System.out.print(j + "*" + i + "=" + i * j + "\t");
            }
            System.out.println();
        }
    }
}
```

【实现结果】

```
1*1=1
1*2=2    2*2=4
1*3=3    2*3=6    3*3=9
1*4=4    2*4=8    3*4=12   4*4=16
1*5=5    2*5=10   3*5=15   4*5=20   5*5=25
1*6=6    2*6=12   3*6=18   4*6=24   5*6=30   6*6=36
1*7=7    2*7=14   3*7=21   4*7=28   5*7=35   6*7=42   7*7=49
1*8=8    2*8=16   3*8=24   4*8=32   5*8=40   6*8=48   7*8=56   8*8=64
1*9=9    2*9=18   3*9=27   4*9=36   5*9=45   6*9=54   7*9=63   8*9=72   9*9=81
```

任务 3.4 方法

方法是 Java 中已命名的代码块，如我们在前面一直使用的 main() 方法。在其他编程语言中，这个代码块也称为函数。方法是程序的重要组成部分，利用方法可以更好地实现代码重用。下面对方法的定义与相关使用方法进行介绍。

微课 3-8

方法的定义与调用

3.4.1 方法的定义与调用

方法就是一段可以重复调用的代码，在 Java 中，定义一个方法的语法格式如下。

```
修饰符 返回值类型 方法名([参数类型 参数名1,参数类型 参数名2,…]){
    语句块
    ……
    [return 返回值;]
}
```

对于上面的语法格式的说明如下。

（1）修饰符：方法的修饰符比较多，有对访问权限进行限定的，有静态修饰符 static，还有最终修饰符 final 等。

（2）返回值类型：用于限定方法返回值的数据类型。

（3）参数：用于限定调用方法时传入参数的数据类型，被称为形式参数，简称为形参。一个方法可以没有形参。

（4）return 关键字：用于结束方法以及返回方法指定类型的值。如果没有返回值则可以省略 return 语句。

方法定义以后即可调用，调用时只需要给出方法名以及方法的参数（一般称作实参）列表即可。如果方法有返回值，一般将返回值赋给相应类型的变量。其中，实参列表的参数要与方法中形参列表的参数个数一致、类型兼容。调用时，程序执行流程在主调方法中中断，转入被调方法，同时实参的值传递给形参，遇到 return 语句或者被调方法执行结束后，回到主调方法的断点处继续执行。

【例 3-14】输出图 3-15 所示的图形。

```
*****
*****
*****

****
****

**********
**********
**********
**********
**********
**********
```

图 3-15　3 个行数、列数不同的矩形

【例题分析】

图 3-15 所示为 3 个行数、列数不同的矩形，如果把输出矩形的代码写 3 遍，就会产生代码重复问题，因此可以将输出矩形的功能定义为方法，在程序中调用 3 次。

【程序实现】

```java
public class Example3_14 {
    public static void main(String[] args) {
        printRectangle(3, 5);
        printRectangle(2, 4);
        printRectangle(6, 10);
    }
    public static void printRectangle(int height, int width) {
        for (int i = 0; i < height; i++) {
            for (int j = 0; j < width; j++) {
                System.out.print("*");
            }
            System.out.println();
        }
        System.out.println();
    }
}
```

【运行结果】

```
*****
*****
*****

****
****

*********
*********
*********
*********
*********
*********
```

【例 3-15】编写方法实现求 x 的 n 次方（n 为正整数）。

【例题分析】

根据方法的定义规则，自定义方法需要接收两个参数，返回一个结果。

【程序实现】

```java
public class Example3_15 {
    static double power(double x, double n) {
        double t = 1;
        for (int i = 1; i <= n; i++)
            t = t * x;
        return t;
    }

    public static void main(String[] args) {
        double t1 = power(1.01, 365);
        double t2 = power(0.99, 365);
        System.out.printf("%.2f\n",t1);
        System.out.printf("%.2f",t2);
    }
}
```

【运行结果】

```
37.78
0.03
```

上面的程序实现了求 x 的 n 次方。当 n=365 时，x 分别为 1.01 和 0.99 这两个接近的数据，它们的运算结果却有天壤之别。每天进步一点，365 天后就会迎来质的飞跃。正如荀子在《劝学》中所讲的，"故不积跬步，无以至千里；不积小流，无以成江海。"学习程序设计也是如此，日积月累的努力，终将成就精彩人生。

3.4.2 递归

一个方法内部可以调用另一个方法，这称为方法的嵌套调用。如果一个方法嵌套调用的是它自身，则称为方法的递归。在递归调用中，主调方法也是被调方法。

【例 3-16】使用递归法求 n 的阶乘。

微课 3-9

递归

【例题分析】

$n!$是指自然数 n 的阶乘，$n!=1\times 2\times 3\times \cdots \times(n-2)\times(n-1)\times n$。

一个数 n 的阶乘可表示为：

$$n!=\begin{cases}1 & (n=1或0)\\ (n-1)!\times n & (n>1)\end{cases}$$

【程序实现】

```java
public class Example3_16 {
    static long f(int n) {
        if (n == 1 || n == 0)
            return 1;
        else
            return n * f(n - 1);
    }

    public static void main(String[] args) {
        int n = 5;
        long k = f(n);
        System.out.println(n + "!=" + k);
    }
}
```

【运行结果】

```
5!=120
```

经过方法的层层嵌套调用，最终遇到 f()方法的 if 条件成立，再层层返回，从而得到最终结果。递归调用虽然使程序编写更加简单，但是也使程序不易于理解，并且存在一些效率上的问题，读者在实际编程时要慎重选择。

方法的定义使得程序得以模块化，也使得程序变得更易维护，更方便测试。读者在编写程序时要建立模块化的思维，将一些重复性的任务进行功能封装，写成方法，在需要时调用，从而增强代码的复用性。

【任务实践 3-7】 递归法显示斐波那契数列

【任务描述】

斐波那契数列（Fibonacci sequence）又称黄金分割数列，因数学家莱昂纳多·斐波那契（Leonardo Fibonacci）以兔子繁殖为例子而引入，被人们亲切地称为"兔子数列"，其数值为 1、1、2、3、5、8、13、21、34……

编写程序，利用递归法求斐波那契数列的前 n 项。

【任务分析】

斐波那契数列的前两项均为 1，从第 3 项开始，每一项等于前面两项的和。由此，可以得到递归表达式：

$$f(n)=\begin{cases}1 & (n=1,2)\\ f(n-2)+f(n-1) & (n>2)\end{cases}$$

【任务实现】

```java
import java.util.Scanner;

public class 任务实践3_7 {

 public static void main(String[] args) {
     Scanner scanner = new Scanner(System.in);
     System.out.print("请输入数字n: ");
     int n = scanner.nextInt();
     for (int i = 1; i <= n; i++) {
         System.out.print(f(i) + " ");
     }
 }

 static int f(int n) {
     if (n == 1 || n == 2)
         return 1;
     else
         return f(n - 2) + f(n - 1);
 }
}
```

【实现结果】

请输入数字n: 20
1 1 2 3 5 8 13 21 34 55 89 144 233 377 610 987 1597 2584 4181 6765

项目分析

猜数字游戏将玩家猜测的数字与系统随机生成的数字进行比较，用到分支结构的知识。如果没有猜中数字，玩家将继续猜测，用到循环结构的知识。如果猜中数字，则结束本次猜数游戏。

项目实施

```java
import java.util.Random;
import java.util.Scanner;
public class 猜数字游戏 {
 public static void main(String[] args) {
     int randomNumber=new Random().nextInt(100);
     System.out.println("计算机已经"想"好了! ");
     System.out.println("请输入您猜的数字: [0,100]");
     Scanner sc=new Scanner(System.in);
     int enterNumber=sc.nextInt();
     while(enterNumber!=randomNumber) {
        if(enterNumber>randomNumber) {
            System.out.println("sorry, 您猜大了! ");
        }
        else {
```

```
                System.out.println("sorry, 您猜小了! ");
            }
            System.out.println("请输入您猜的数字: ");
            enterNumber=sc.nextInt();
        }
        System.out.println("恭喜您, 答对了! ");
    }
}
```

程序运行结果如下。

```
计算机已经"想"好了!
请输入您猜的数字:
50
sorry, 您猜大了!
请输入您猜的数字:
25
sorry, 您猜小了!
请输入您猜的数字:
43
恭喜您, 答对了!
```

项目实训　综合应用——剪刀、石头、布

【项目描述】

　　大家小时候都玩过"剪刀石头布"的游戏吧？相信大家对游戏规则一定都不陌生。请编写一个模拟"剪刀石头布"游戏的程序，程序启动后会随机生成 1～3 的随机数，分别代表剪刀、石头、布，玩家通过键盘输入剪刀、石头和布，与计算机进行 5 轮游戏，赢的次数多的一方为赢家。

【项目分析】

　　"剪刀石头布"程序控制用户与计算机进行 5 轮游戏，这可以使用 for 循环实现。在每一轮游戏中，计算机生成一个随机数，并获取用户的输入，然后使用 if-else 语句判断，根据判断结果可以得到这一轮比赛的输赢。在程序开始，先定义两个整型变量来记录游戏中用户获胜的场次与平局的场次，进而可以获得计算机获胜的场次。最后判断总结果，如果用户与计算机获胜场次一致，则结果为和局；如果用户获胜场次大于计算机获胜场次，则用户获胜，反之用户失败。

【项目实现】

```java
import java.util.Random;
import java.util.Scanner;
public class game {
 public static void main(String[] args) {
     // 通过 Random 类中的 nextInt（int n）方法，生成 1～3 的随机数，1 代表剪刀，2 代表石头，
     // 3 代表布
     int a = 0;                          // 玩家获胜场次
     int b = 0;                          // 平局场次
     System.out.println("程序已启动");
     System.out.println("剪刀  石头  布");
```

75

```java
Scanner sc = new Scanner(System.in);
for (int i = 1; i <= 5; i++) {
    System.out.println("第" + i + "局");
    String enter = sc.next();                // 接收用户输入的字符
                                             // 随机生成 1～3 的随机数
    int randomNumber = new Random().nextInt(3) + 1;
    if (enter.equals("剪刀")) {              // 判断用户输入的字符
        if (randomNumber == 1) {             // 判断谁输谁赢
            System.out.println("计算机本次出的是剪刀");
            System.out.println("打平了");
            b++;                             // 平局后 b+1
        } else if (randomNumber == 2) {
            System.out.println("计算机本次出的是石头");
            System.out.println("您输了");
        } else if (randomNumber == 3) {
            System.out.println("计算机本次出的是布");
            System.out.println("您赢了");
            a++;                             // 玩家赢后 a+1
        }
    } else if (enter.equals("石头")) {
        if (randomNumber == 1) {
            System.out.println("计算机本次出的是剪刀");
            System.out.println("您赢了");
            a++;
        } else if (randomNumber == 2) {
            System.out.println("计算机本次出的是石头");
            System.out.println("打平了");
            b++;
        } else if (randomNumber == 3) {
            System.out.println("计算机本次出的是布");
            System.out.println("您输了");
        }
    } else if (enter.equals("布")) {
        if (randomNumber == 1) {
            System.out.println("计算机本次出的是剪刀");
            System.out.println("您输了");
        } else if (randomNumber == 2) {
            System.out.println("计算机本次出的是石头");
            System.out.println("您赢了");
            a++;
        } else if (randomNumber == 3) {
            System.out.println("计算机本次出的是布");
            System.out.println("打平了");
            b++;
        }
    } else {
        System.out.println("输入错误，游戏终止！请您认真玩游戏！");
    }
```

```
        }
        System.out.println("本次游戏您赢了" + a + "局,平了" + b + "局");
        int c = 5 - a - b;                        // 计算出计算机胜利的场次
        if (a == c) {                             // 和局
            System.out.println("和局! ");
        } else if (a > b) {                       // 获胜
            System.out.println("您赢了! ");
        } else {
            System.out.println("您输了! ");
        }
    }
}
```

【实现结果】

```
程序已启动
剪刀  石头  布
第 1 局
布
计算机本次出的是石头
您赢了
第 2 局
剪刀
计算机本次出的是剪刀
打平了
第 3 局
石头
计算机本次出的是剪刀
您赢了
第 4 局
剪刀
计算机本次出的是剪刀
打平了
第 5 局
布
计算机本次出的是石头
您赢了
本次游戏您赢了 3 局,平了 2 局
您赢了!
```

项目小结

　　流程控制在程序设计中占据着重要的地位。通过本项目任务的完成，我们学习了分支结构，包括 if 单分支结构、if-else 双分支结构、if-else if-else 多分支结构和 switch 多分支结构，可以基于布尔型的值来决定某段程序是否执行；循环结构，其中包括 while 循环、do-while 循环和 for 循环，可以让程序的一部分重复执行，直到满足某个终止循环的条件；最后学习了方法的定义与调用。通过本项目的学习，读者应掌握几种流程控制结构的使用方法，并能够在程序中灵活使用。本项目的知识点如图 3-16 所示。

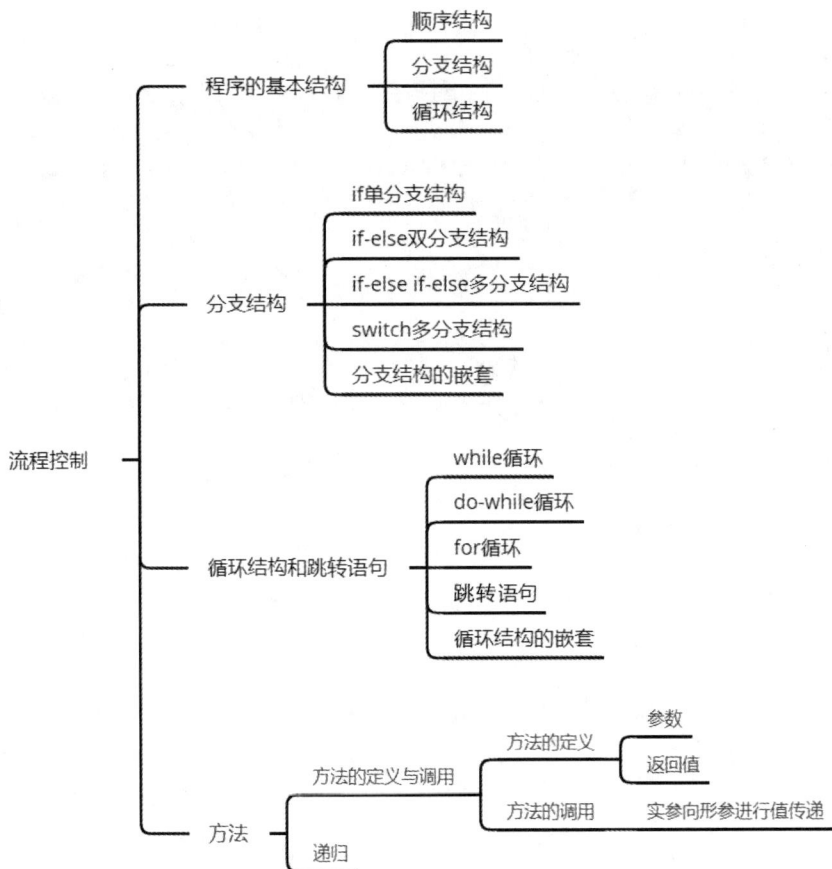

图 3-16　项目 3 的知识点

自我检测

一、选择题

1. 有如下程序。

```
int a=2,b=5,c=7;
if(a>c)
    b=a;
    a=c;
    c=b;
System.out.println("a="+a+",b="+b+",c="+c);
```

其输出结果为（　　）。

    A．a=2,b=5,c=7　　　　B．a=5,b=2,c=7　　C．a=7,b=2,c=2　　D．a=7,b=5,c=5

2. 下列哪个说法是正确的？（　　）

    A．if 语句和 else 语句必须成对出现

    B．if 语句可以没有 else 语句对应

    C．switch 多分支结构的每个 case 语句中必须用 break 语句

    D．switch 多分支结构中必须有 default 语句

3. 当编译和运行下列代码时，会发生什么？（   ）

```
public class Test{
    public static void main(String[] args){
        int j=1;
        switch(j){
        case 1:
            j++;
        case 2:
            j++;
        case 3:
            j++;
        case 4:
            j++;
        case 5:
            j++;
        default:
            j++
        }
        System.out.println("j="+j);
    }
}
```

    A. 编译错误　　　　　　B. 输出 7　　　　　C. 输出 2　　　　　D. 输出 6

4. 关于 while 循环和 do-while 循环，下列哪个说法是正确的？（   ）

    A. 没有区别，这两种结构在任何情况下的效果都是一样的

    B. while 循环的执行效率比 do-while 循环的执行效率高

    C. do-while 循环会先循环后判断，所以循环体至少执行一次

    D. while 循环会先循环后判断，所以循环体至少执行一次

5. 以下程序的循环休执行了（   ）次。

```
int k=10;
while(k>=0){
    k--;
}
```

    A. 10　　　　　　　　　B. 11　　　　　　　C. 12　　　　　　D. 13

6. 当编译和运行下列代码时，输出为（   ）。

```
public class Test{
    public static void main(String[] args){
        int i=1,j=10;
        do{
            if(i++>--j)
                break;
        }while(i<5);
        System.out.println("i="+i+"\tj="+j);
    }
}
```

    A. i=6 j=5　　　　　　B. i=5 j=5　　　　　C. i=6 j=4　　　　　D. i=5 j=6

7. 下列程序的运行结果是（   ）。

```
public class Test{
```

```java
public static void main(String[] args){
    int percent=10;
    tripleValue(percent);
    System.out.println(percent);
}
public static void tripleValue(int x){
    x=3*x;
}
}
```

A. 40   B. 30   C. 20   D. 10

二、编程题

1. 输入 3 个整数 x、y、z，对其进行排序，使得 x<y<z。

2. 从键盘输入一个字符，判断输入的是否为大写字母，如果是大写字母，则将其转换成小写字母，否则不用改变直接输出。

3. 输入年、月，显示这个月的天数。

4. 编写程序，输出图 3-17 所示的星号三角形。

```
         *
        ***
       *****
      *******
     *********
    ***********
```

图 3-17   星号三角形

5. 用 100 元去买 100 只鸡，公鸡每只 5 元，母鸡每只 3 元，小鸡 3 只 1 元，问公鸡、母鸡、小鸡各能买多少只？

6. 自定义方法，分别实现求长方形面积和长方体的体积。

7. 自定义方法，求 n 的阶乘。

项目4
空气质量分析——数组

情景导入

随着城市化进程的不断推进，空气质量备受关注。张思睿想利用自己所学的知识启动一个"清新城市"的宣传项目，他想首先用 Java 编写程序对家乡的空气质量进行统计分析，以便更好地了解和监测家乡空气质量的变化，从而引起人们关注生态环境变化，并养成环保意识。通过查阅资料，他了解到了空气质量指数（Air Quality Index，AQI）是用来衡量气体污染程度的。AQI 的分级标准如表 4-1 所示。

表 4-1　AQI 的分级标准

AQI 的范围	空气质量
0~50	优
51~100	良
101~150	轻度污染
151~200	中度污染
201~300	重度污染
>300	严重污染

张思睿想编写程序分析 A 城市去年的平均空气质量情况，他还想了解近几年空气质量的变化趋势。胡老师听了他的想法很高兴，认为他作为当代大学生很有社会担当。胡老师告诉他，为了解决这个问题，可以去空气质量网站查阅获取相关数据，然后将数据"存"起来，最后对数据进行分析即可完成。为了"存"数据，最好使用数组。数组是 Java 中存放批量数据的利器。接下来让我们一起学习 Java 中的数组吧！

项目目标

- 掌握一维数组的定义、初始化及元素访问。
- 掌握一维数组中元素的移动方法。
- 掌握一维数组常用的数据排序算法。
- 掌握二维数组的定义、初始化及应用。
- 培养数据分析能力，养成良好的环保意识。

知识储备

任务 4.1　一维数组的定义与初始化

一维数组可以直观地认为是排列成一行或一列的数据列表。实质上，一维数组是一组相同类型数据的线性集合。当程序需要处理一组数据或者传递一组数据时，可以用一维数组。

4.1.1　一维数组的定义

数组属于引用数据类型的变量，要想使用数组，就需要先对数组进行定义，定义数组分为声明与创建两步。

微课 4-1

一维数组的定义
与使用

1. 一维数组的声明

声明一维数组的语法格式如下。

数据类型　数组名[ ]；

或：

数据类型[ ]　数组名；

说明：数组元素的数据类型可以是 Java 中的任何一种类型。

例如：

```
int x[];
```

2. 一维数组的创建

声明数组只给出了数组名和元素的数据类型，要想真正使用数组，还必须为它分配内存空间，即创建数组。在为数组分配内存空间时，使用关键字 new，同时指明数组的长度。为数组分配内存空间的语法格式如下。

数组名=new 数据类型 [元素个数]；

例如，对上面声明的一维数组 x 分配存储空间：

```
x=new int[100];
```

也可以把数组的声明和创建合二为一：

```
int x[ ]=new int[100];
```

上述语句相当于在内存中定义了 100 个 int 型变量，这些变量的名称分别为 x[0]、x[1]、x[2]……以此类推，第 100 个变量的名称为 x[99]。

下面通过内存分布示意来说明数组在声明和创建过程中内存的分配情况。

第 1 步声明一维数组"int x[ ];"，是指在内存中分配一块存储空间给 x。这时的内存分布示意如图 4-1 所示。

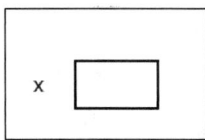

图 4-1　声明数组 x 的内存分布示意

第 2 步创建一维数组"x=new int[100];"，是指在内存中分配了 100 个连续的存储空间，且把首地址给了 x，接下来就可以使用变量 x 引用数组。这时的内存分布示意如图 4-2 所示。

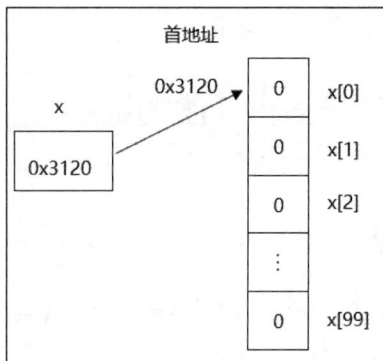

图 4-2　创建数组 x 的内存分布示意

图 4-2 描述了变量 x 引用数组的情况。该数组有 100 个元素，初始值都为 0。这是因为数组被创建后，数组中的每一个元素被自动赋予一个默认值。数据类型不同，默认值也是不一样的，如表 4-2 所示。

表 4-2　数组定义后元素的默认值

数据类型	默认值
byte、short、int、long	0
float、double	0.0
char	空字符，即'\u0000'
boolean	false
引用数据类型	null

4.1.2　一维数组的静态初始化

数组静态初始化指的是在定义数组时为各元素赋初值。

例如：

```
int x[]={3,5,7,9,11};
```

或：

```
int x[]=new int[]{3,5,7,9,11};
```

数组 x 的内存分布示意如图 4-3 所示。

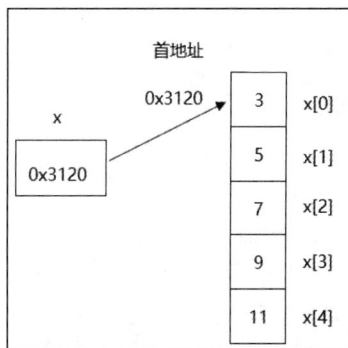

图 4-3　数组 x 的内存分布示意

此时数组的长度由数组元素的个数自动确定。

【任务实践 4-1】 定义指定长度的数组

【任务描述】

接收用户输入的某班学生的 Java 考试成绩，人数由用户在输入时指定。

【任务分析】

（1）通过 Scanner 对象创建输入对象，从键盘读入学生人数。

（2）用学生人数作为数组的长度定义一维数组。

（3）读入该班的 Java 考试成绩。

【任务实现】

```java
import java.util.Scanner;
public class 任务实践4_1 {
 public static void main(String[] args) {
      Scanner scanner = new Scanner(System.in);
      System.out.print("请输入学生人数：");
      int num = scanner.nextInt();
      double[] scores = new double[num];
      for (int i = 0; i < num; i++) {
      System.out.print("请输入第" + (i + 1) + "个学生的Java考试成绩：");
          scores[i] = scanner.nextInt();
      }
 }
}
```

【实现结果】

请输入学生人数：5
请输入第 1 个学生的 Java 考试成绩：96
请输入第 2 个学生的 Java 考试成绩：89
请输入第 3 个学生的 Java 考试成绩：85
请输入第 4 个学生的 Java 考试成绩：97
请输入第 5 个学生的 Java 考试成绩：92

任务 4.2 一维数组元素的访问

4.2.1 索引法访问数组元素

数组中的每个元素可以通过索引来访问，语法格式如下。

数组名 [索引值]

索引值从 0 开始，最大的索引值是数组长度-1。在 Java 中，为了方便获得数组的长度，提供了一个 length 属性。在程序中可以通过"数组名.length"来获得数组的长度，即元素个数。

使用索引可以逐一访问数组中的全部元素，即对数组进行遍历。

【例 4-1】数组 x 中保存着一批整数，请按顺序输出数组中的所有元素。

【例题分析】

对数组中的元素进行访问可以使用索引法实现：x[索引]。索引的范围为 0,1,2,…, x.length-1，是非常有规律的，因此可以利用循环来实现元素访问。

【程序实现】

```
public class Example4_1 {
    public static void main(String[] args) {
        int x[]= {3,1,5,8,9,11,42,15};
        for(int i=0;i<x.length;i++)
            System.out.print(x[i]+"\t");
    }
}
```

【运行结果】

```
3    1    5    8    9    11    42    15
```

对于数组元素的访问，除了进行顺序访问外，还可以进行逆序访问、访问所有的奇数位数据等其他非常规的访问，为此设置相应的索引变化规律即可。

通过索引法来访问数组中的元素非常方便，但要注意，在使用过程中应合理设置循环的初始值和终值，防止索引超出范围。

4.2.2 数组元素的查找

使用一维数组，可以非常方便地处理具有相同数据类型的数据，对数组中元素的常规操作包括元素的增加、删除、修改和查找。下面首先介绍对数组元素的查找操作。

微课 4-2

一维数组中数据的查找

1. 普通查找

【例 4-2】 在数组 a 中查找给定的值 x 是否存在，如果存在，则提示它在数组中出现的位置。

【例题分析】

在数组 a 中查找 x 需要对数组进行遍历，按照顺序查找，将数组的每个元素与 x 进行对比。如果数组中存在值为 x 的元素，则其对应的索引为 0～a.length-1，因此定义一个辅助变量 index，并赋初值-1，用 index 记录 x 出现的位置。

【程序实现】

```
public class Example4_2 {
    public static void main(String[] args) {
        int a[]= {4,2,7,8,1,9,2,8};
        int x=7;
        int index=-1;
        for(int i=0;i<a.length;i++)
            if(a[i]==x)
                index=i;
        if(index==-1)
            System.out.println("数组中没有值为"+x+"的元素");
        else
            System.out.println("数组中第"+(index+1)+"个数是"+x);
    }
}
```

【运行结果】

数组中第 3 个数是 7

2. 最值查找

【例 4-3】输入 10 个整数，查找其中的最大值。

【例题分析】

微课 4-3

一维数组中最值
的查找

批量数据的最值查找一般使用"打擂台"的方法，假设第一个值为最大值，把它存放在变量 max 中，然后将 max 与后面的元素逐一比较大小，如果有一个元素的值比 max 中保存的值大，则更新 max 中的值，最后 max 中存放的即为数组中的最大值。

【程序实现】

```java
import java.util.Scanner;
public class Example4_3 {
    public static void main(String[] args) {
        int a[]=new int[10];
        Scanner input = new Scanner(System.in);
        System.out.println("请输入 10 个整数");
        for(int i=0;i<10;i++) {
            a[i]=input.nextInt();
        }
        int max=a[0];
        for(int i=1;i<a.length;i++)
            if(max<a[i])
                max=a[i];
        System.out.println("最大值为: "+max);
    }
}
```

【运行结果】

请输入 10 个整数：
8 9 10 5 6 4 3 2 1 3
最大值为: 10

【任务实践 4-2】 中文大写数字对照

【任务描述】

接收用户输入的数字 0～10，输出其对应的中文大写数字。例如，如果用户输入"3"，则程序输出显示"叁"。

【任务分析】

（1）用一维数组保存 0～10 对应的中文大写数字。

（2）通过 Scanner 对象创建输入对象，从键盘读入数字。

（3）从数组中查找对应的中文大写数字并输出。

【任务实现】

```java
import java.util.Scanner;
public class 任务实践 4_2 {
```

```java
public static void main(String[] args) {
    char[] chineseNumbers = {'零', '壹', '贰', '叁', '肆', '伍', '陆', '柒', '捌', '玖','拾'};
    Scanner scanner = new Scanner(System.in);
        System.out.print("请输入一个数字(0~10): ");
        int number = scanner.nextInt();
        if (number >= 0 && number <= 10) {
            System.out.println("对应的中文大写数字为: " + chineseNumbers[number]);
        } else {
            System.out.println("输入的数字不在 0~10 范围内");
        }
    }
}
```

【实现结果】

请输入一个数字(0~10): 3
对应的中文大写数字为: 叁

【任务实践 4-3】 知识竞赛随机选人

【任务描述】

张思睿所在的班级要进行一次环保知识竞赛，为调动现场活动气氛，他决定写一个随机选人的程序，每次从班级中随机选取一人回答问题。

【任务分析】

使用一维数组 names 保存全班同学的名字，使用 Math.random()方法生成一个数组 names 的随机索引。根据索引访问数组 names 中的元素，即可随机选取一位同学。

【任务实现】

```java
public class 任务实践4_3 {

public static void main(String[] args) {
    String names[] = { "张清", "李蒙", "王晓宇", "张思睿", "孙梅", "王梓航" };
    int randomIndex = (int) (Math.random() * names.length);
    String name = names[randomIndex];
    System.out.println("被选中的是: " + name);
}
}
```

【实现结果】

被选中的是: 孙梅

【任务实践 4-4】 生成斐波那契数列

【任务描述】

斐波那契数列（Fibonacci sequence）指的是这样一个数列: 1、1、2、3、5、8、13、21、34……在数学上，斐波那契数列以递推的方法定义: $F(1)=1$, $F(2)=1$, $F(n)=F(n-1)+F(n-2)$（$n \geqslant 3$, $n \in N*$）。请编写程序，输出显示数列的前 20 项数据，每 5 个数一行。

【任务分析】

借用一个长度为 20 的数组 f 来产生并保存这 20 个数据项。其中，f[0]=1，f[1]=1,索引为 2 及以上的数组元素可以递推得出：f[i]=f[i-1]+f[i-2]。

【任务实现】

```
public class 任务实践4_4 {
    public static void main(String[] args) {
        int f[]=new int[20];
        f[0]=f[1]=1;
        for(int i=2;i<20;i++)
            f[i]=f[i-1]+f[i-2];
        for(int i=0;i<20;i++) {
            if(i%5==0)
                System.out.println();
            System.out.printf("%8d",f[i]);
        }
    }
}
```

【实现结果】

1	1	2	3	5
8	13	21	34	55
89	144	233	377	610
987	1597	2584	4181	6765

【任务实践 4-5】 歌手大赛评分程序

【任务描述】

歌手大赛有一个评委评分环节，假设有 10 个评委评分（满分为 100 分），去掉一个最高分、去掉一个最低分后，剩余 8 个评分的平均分即为该歌手的最后得分，编写程序求某歌手的得分。

【任务分析】

多个评委的评分可以使用一维数组保存，首先求所有评分的总和，再减去最高分、最低分，然后除以有效评分的个数，即可得到该歌手的得分。

【任务实现】

```
import java.util.Scanner;
public class 任务实践4_5 {
    public static void main(String[] args) {
        double score[]=new double[10];
        Scanner input = new Scanner(System.in);
        double sum=0;
        double max,min;
        double finalScore;
        for(int i=0;i<10;i++) {
            System.out.print("请输入第"+(i+1)+"个评委的评分（1~100）: ");
            score[i]=input.nextDouble();
            sum+=score[i];
        }
        max=min=score[0];
```

```
        for(int i=1;i<10;i++) {
            if(max<score[i])
                max=score[i];
            if(min>score[i])
                min=score[i];
        }
        finalScore=(sum-max-min)/(score.length-2);
        System.out.println("该歌手的最后得分为: "+finalScore);
    }
}
```

【实现结果】

请输入第 1 个评委的评分（1~100）: 99
请输入第 2 个评委的评分（1~100）: 95
请输入第 3 个评委的评分（1~100）: 90
请输入第 4 个评委的评分（1~100）: 89
请输入第 5 个评委的评分（1~100）: 91
请输入第 6 个评委的评分（1~100）: 95
请输入第 7 个评委的评分（1~100）: 99
请输入第 8 个评委的评分（1~100）: 88
请输入第 9 个评委的评分（1~100）: 89
请输入第 10 个评委的评分（1~100）: 99
该歌手的最后得分为: 93.375

任务 4.3　数组元素的移动

数组在内存中占用一块连续的存储空间来存放数据，有时需要在数组中进行元素的删除与插入，因此需要将一批数据前移或后移，从而达到删除和插入的目的。

微课 4-4

一维数组中数据
的删除

1. 数据的删除

【例 4-4】删除数组中值为 x 的元素，并输出删除后的数组。

【例题分析】

假设某一时刻数组中存放的数据的内存分布示意如图 4-4 所示，数组共包含 5 个有效数据。现要将值为 5 的元素删除，因此需要将后面的两个元素往前移动，覆盖要删除的元素，删除后的数组包含 4 个有效数据，如图 4-5 所示。

图 4-4　数组 a 中数据的内存分布示意

图 4-5　数组 a 删除值为 5 的元素后的内存分布示意

【程序实现】

```
public class Example4_4 {
    public static void main(String[] args) {
        int a[]= {3,2,5,1,9};
        int x=5;
        int n=5;                          //n 中存放数组中有效数据的个数
```

```
    int index=-1;
    for(int i=0;i<n;i++)                //在数组中查找值为 x 的元素
        if(a[i]==x)
            index=i;
    if(index==-1)
        System.out.println("数组中没有值为"+x+"的元素，删除失败");
    else {
        for(int j=index;j<n-1;j++)   //将值为 x 的元素之后的数据前移以覆盖该元素
            a[j]=a[j+1];
        n--;
        System.out.println("已将数组中值为"+x+"的元素删除");
    }
    System.out.println("数组中的数据: ");
    for(int i=0;i<n;i++)
        System.out.print(a[i]+"\t");
    }
}
```

【运行结果】

已将数组中值为 5 的元素删除
数组中的数据:
3   2   1   9

　　读者在编写程序时要养成测试的习惯，测试要做到代码全覆盖——设计不同的测试用例，让程序中的代码都能执行一遍。在软件研发中，问题发现得越早，解决的代价就越低。测试工作需要考虑两方面的问题，一方面是正常调用的测试，另一方面是异常调用的测试。对于例 4-4，要删除的值为 x 的元素位于数组中间，在测试时可以改变 x 的取值，让相应元素位于数组的首、末位置，测试程序能否实现预期任务；或者测试在数组中存在多个相邻的值为 x 的元素，看看程序能否实现预期任务。

2. 数据的插入

【例 4-5】 数组 a 中存放着一批升序排列的数据，请插入值为 x 的元素，并使得插入 x 后，数组中的元素仍按升序排列。

【例题分析】

　　因为数组一旦定义，长度就不能改变，所以为了在数组 a 中插入值为 x 的元素，首先要保证数组 a 的长度比实际存放的有效数据个数大。假设数组 a 原始数据的内存分布示意如图 4-6 所示，有效数据个数为 5。为了在数组 a 中插入值为 x 的元素，首先要找到一个合适的位置，确保插入后的数据仍然有序。插入后，数组 a 的内存分布示意如图 4-7 所示，插入后的有效数据个数为 6。

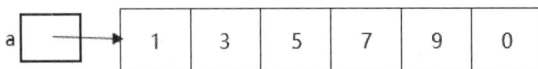

微课 4-5

一维数组中数据
的插入

图 4-6　数组 a 原始数据的内存分布示意

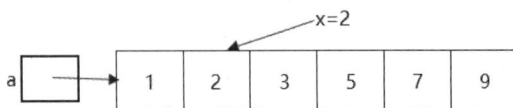

图 4-7　在数组 a 中插入 x 后的内存分布示意

【程序实现】

```java
public class Example4_5 {
    public static void main(String[] args) {
        int a[]= {1,3,5,7,9,0};
        int n=5;                          //数组 a 中存放的有效数据的个数
        int x=2;
        int i;
        for(i=n-1;i>=0;i--)               //后移元素，同时查找插入 x 的合适位置
            if(a[i]>x)
                a[i+1]=a[i];
            else break;
        a[i+1]=x;                         //插入值为 x 的元素
        n++;
        System.out.println("数组 a 中的数据: ");
        for(i=0;i<n;i++)
            System.out.print(a[i]+"\t");
    }
}
```

【运行结果】

```
数组 a 中的数据:
1    2    3    5    7    9
```

【任务实践4-6】 数据清洗

【任务描述】

数据清洗是数据预处理的重要步骤，它有助于消除数据中的噪声和错误，从而为后续的数据分析和处理提供高质量的数据基础。本任务对某班的 Java 考试成绩进行数据清洗，去除无效数据（负数），以确保数据的准确性。

【任务分析】

遍历存放成绩的数组，识别元素是否为有效数据，去除无效数据。

【任务实现】

```java
public class 任务实践4_6 {

    public static void main(String[] args) {
        int[] scores = { 77, 97, -1, 69, -1, 99, -1, -1, 92 };
        // 移除无效数据
        int validCount = scores.length;
        for (int i = 0; i < validCount; i++) {
            if (scores[i] < 0) {
                for(int j=i;j<validCount-1;j++)   // 后面的数据前移，覆盖掉非法数据
                    scores[j]=scores[j+1];
                i--;                              // 对当前位置新的数据重新判断
                validCount--;                     // 修改有效数据的个数
            }
        }

        // 输出清洗后的数据
```

```
    System.out.print("清洗后的数据: ");
    for (int i = 0; i < validCount; i++) {
        System.out.print(scores[i] + " ");
    }
  }
}
```

【实现结果】

清洗后的数据: 77 97 69 99 92

上面的清洗过程也可以通过下面的方法进行，清洗代码块如下。

```
// 移除无效数据
int validCount = 0;
for (int i = 0; i < scores.length; i++) {
    if (scores[i] >= 0) {
        scores[validCount] = scores[i];
        validCount++;
    }
}
```

上面的两种方法都可以实现数据清洗，读者在编写时要分析程序的时间复杂度和空间复杂度，选取最优的解决方案。

【任务实践 4-7】　数据的逆序存放

【任务描述】

在图形处理的算法中，经常需要对图形数据进行逆序存放，以实现特定的效果，例如图形数据的镜像处理、翻转等。现在数组 a 的定义如下：int　a[]={1,2,3,4,5,6,7}，请编写程序将其中保存的数据逆序存放，变成{7,6,5,4,3,2,1}。

【任务分析】

对数组中的元素进行移动，将首尾对称的数据交换即可实现。

【任务实现】

```java
public class 任务实践4_7 {
 static void printArrs(int a[]) {
    for (int i = 0; i < a.length; i++)
        System.out.print(a[i] + " ");
 }

 static void swap(int a[]) {
    int t;
    for (int i = 0, j = a.length - 1; i < j; i++, j--) {
        t = a[i];
        a[i] = a[j];
        a[j] = t;
    }
 }

 public static void main(String[] args) {
    int a[] = { 1, 2, 3, 4, 5, 6, 7 };
```

```
System.out.println("数组 a 中的原始数据: ");
printArrs(a);
swap(a);// 调用函数 swap()实现数据逆序存放
System.out.println("\n 数组 a 中的新数据: ");
printArrs(a);

    }
}
```

【实现结果】

数组 a 中的原始数据:
1 2 3 4 5 6 7
数组 a 中的新数据:
7 6 5 4 3 2 1

任务 4.4　一维数组元素的排序

对数组中的数据,除了进行基本的增、删、改、查操作,有时还需要进行排序。下面介绍两种比较常见的排序算法——选择排序和冒泡排序,并介绍如何使用 Java API——Arrays.sort()方法进行数据排序。

微课 4-6

选择排序

4.4.1　选择排序

选择排序(selection sort)是一种简单、直观的排序算法。它的工作原理是第一次从待排序的元素中选出最小(或最大)的一个元素,存放在序列的起始位置,再从剩余的未排序元素中寻找最小(或最大)的元素,然后放到序列的第二个位置。以此类推,直到全部待排序元素的个数为零。

【例 4-6】数组 a 中存放着一批数据{2,8,1,6,7},请采用选择排序对其进行升序排列。

【例题分析】

依据选择排序思想,排序过程如下。

第 1 趟排序,找出索引范围在 0~4 的元素中最小元素的索引,然后将该位置上的元素与索引为 0 的元素交换,这时第 1 个位置的元素是最小的。

排序结果: 1,8,2,6,7。

第 2 趟排序,找出索引范围在 1~4 的元素中最小元素的索引,然后将该位置上的元素与索引为 1 的元素交换。

排序结果: 1,2,8,6,7。

第 3 趟排序,找出索引范围在 2~4 的元素中最小元素的索引,然后将该位置上的元素与索引为 2 的元素交换。

排序结果: 1,2,6,8,7。

第 4 趟排序,找出索引范围在 3~4 的元素中最小元素的索引,然后将该位置上的元素与索引为 3 的元素交换。

排序结果: 1,2,6,7,8。

至此,排序结束。

【程序实现】

```java
public class Example4_6 {
    public static void main(String[] args) {
        int a[]= {2,8,1,6,7};
        for(int i=0;i<a.length-1;i++) {
            int p=i;
            for(int j=i+1;j<a.length;j++)
                if(a[p]>a[j])
                    p=j;
            if(p!=i) {
                int t=a[i];
                a[i]=a[p];
                a[p]=t;
            }
            System.out.print("\n第"+(i+1)+"趟排序结果: ");
            for(int k=0;k<a.length;k++)
                System.out.print(a[k]+"  ");
        }
    }
}
```

【运行结果】

第 1 趟排序结果: 1 8 2 6 7
第 2 趟排序结果: 1 2 8 6 7
第 3 趟排序结果: 1 2 6 8 7
第 4 趟排序结果: 1 2 6 7 8

4.4.2　冒泡排序

以升序排列为例，在冒泡排序（bubble sort）的过程中，不断比较数组中相邻两个元素的大小，如果把数据序列"竖"起来看，较小者向上浮，较大者往下沉，整个过程犹如水中气泡上升的情景。

微课 4-7

冒泡排序

冒泡排序过程如下。

第 1 步，从第 1 个元素开始，将相邻的两个元素依次比较，如果前一个元素比后一个元素大，则交换它们的位置。整个过程完成后，数组中最后一个元素的值自然就是最大值，这样也就完成了第 1 轮排序。

第 2 步，除了最后一个元素，将剩余的元素继续两两比较，过程与第 1 步相似，这样就可以将数组中第 2 大的数放在倒数第 2 个位置。

第 3 步，以此类推，持续对越来越少的元素重复上面的步骤，直到没有任何一对元素需要比较为止。

【例 4-7】 数组 a 中存放着一批数据{9,7,5,8,4}，请采用冒泡排序对其进行升序排列。

【例题分析】

根据冒泡排序的思想，排序过程如下。

第 1 趟排序过程如图 4-8 所示。经过第 1 趟排序后，最大数 9 下沉到底。

第 2 趟排序比较前 4 个数即可，排序过程如图 4-9 所示。经过第 2 趟排序后，8 也下沉。

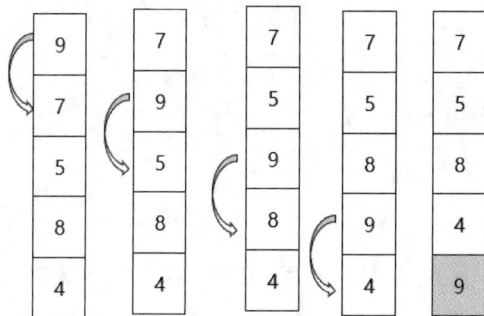

图 4-8　数组 a 冒泡排序的第 1 趟排序过程

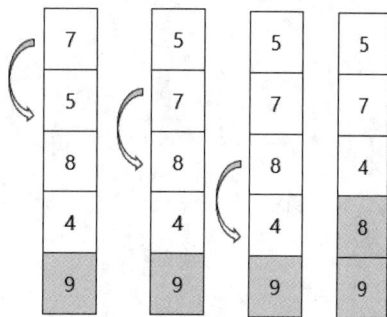

图 4-9　数组 a 冒泡排序的第 2 趟排序过程

第 3 趟排序比较前 3 个数即可，排序过程如图 4-10 所示。经过第 3 趟排序后，7 也下沉。
第 4 趟排序过程如图 4-11 所示。经过排序后，数据就按从小到大的顺序排好了。

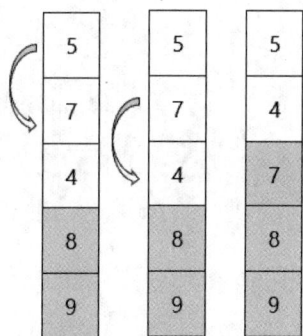

图 4-10　数组 a 冒泡排序的第 3 趟排序过程

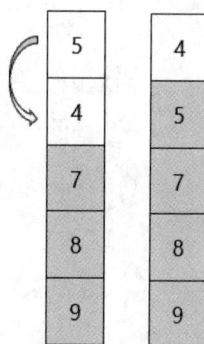

图 4-11　数组 a 冒泡排序的第 4 趟排序过程

对数组 a 中的 n 个数据进行排序，需要经过 n-1 趟排序过程。分析排序过程可以发现表 4-3 所示的规律，即对于第 i 趟排序，需要比较 n-i 次数据的大小关系。

表 4-3　排序与比较次数的规律

第 i 趟排序	元素比较的次数
1	5-1=4
2	5-2=3
3	5-3=2
4	5-4=1

【程序实现】

```
public class Example4_7 {
    public static void main(String[] args) {
        int[] a = { 9, 7, 5, 8, 4 };
        System.out.print("冒泡排序前  : ");
        printArray(a);                    // 输出原始数组元素
        bubbleSort(a);                    // 调用冒泡排序方法进行升序排列
        System.out.print("冒泡排序后  : ");
```

```
        printArray(a);                              // 输出排序后的数组元素
    }
    public static void printArray(int[] a) {         // 定义输出数组元素的方法
        for (int i = 0; i < a.length; i++) {
            System.out.print(a[i] + " ");
        }
        System.out.println( );
    }
    public static void bubbleSort(int[] a) {         // 定义对数组冒泡排序的方法
        int n=a.length;
        for (int i = 1; i < n; i++) {
            for (int j = 0; j < n - i; j++) {
                if (a[j] > a[j + 1]) {               // 比较相邻元素
                    int temp = a[j];
                    a[j] = a[j + 1];
                    a[j + 1] = temp;
                }
            }
            System.out.print("第" +  i  + "轮排序后: ");
            printArray(a);                           // 显示每一趟排序后的结果
        }
    }
}
```

【运行结果】

```
冒泡排序前 : 9 7 5 8 4
第 1 轮排序后: 7 5 8 4 9
第 2 轮排序后: 5 7 4 8 9
第 3 轮排序后: 5 4 7 8 9
第 4 轮排序后: 4 5 7 8 9
冒泡排序后 : 4 5 7 8 9
```

4.4.3　借助 Arrays.sort()方法进行排序

java.util 包提供了 Arrays 类，该类提供了很多常用的方法来操作数组，如对数组进行排序、查询等方法。排序方法的语法格式如下。

```
Arrays.sort(数组名);
```

Arrays.sort()方法默认按照升序对数组元素排序。

【例 4-8】数组 a 中存放着一批数据{9,7,5,8,4}，请采用 Arrays.sort()方法对其进行升序排列。

【例题分析】

Arrays.sort()方法位于 java.util 包中，程序首先要通过 import 关键字导入包，然后直接调用方法排序即可。

【程序实现】

```
import java.util.Arrays;
public class Example4_8 {
    public static void main(String[] args) {
        int[] a = { 9, 7, 5, 8, 4 };
        Arrays.sort(a);
```

```
        System.out.println("升序排列后: ");
        for(int temp:a)
            System.out.print(temp+"\t");
    }
}
```

【运行结果】

升序排列后:
4   5   7   8   9

【任务实践4-8】 运动大排名

【任务描述】

为了激励更多同学积极参与健身运动，张思睿想编写一个程序来统计每天运动步数排名前3的同学，并在公告栏中公布他们的成绩，以此激励更多同学积极参与运动，促进健康的校园生活。

【任务分析】

借用一维数组保存参与者的运动步数，使用任意一种排序方法对运动步数排名，选取前3名即可。

【任务实现】

```
public class 任务实践4_8 {
 public static void main(String[] args) {
     int[] stepCounts = {7500, 8200, 6900, 9200, 8800, 9500, 8200, 8700, 9100, 8900};
     // 对步数进行排序
     Arrays.sort(stepCounts);
     // 输出排序后的步数
     System.out.println("排序后的步数: ");
     for (int i = 0; i < stepCounts.length; 1++) {
         System.out.print(stepCounts[i] + " ");
     }
     // 获取前3名的步数
     System.out.println("\n前3名的步数是: " + stepCounts[stepCounts.length - 1] +
", " + stepCounts[stepCounts.length - 2] + ", " + stepCounts[stepCounts.length - 3]);
  }
 }
```

【实现结果】

排序后的步数:
6900 7500 8200 8200 8700 8800 8900 9100 9200 9500
前3名的步数是: 9500, 9200, 9100

任务 4.5 二维数组的定义与初始化

前文介绍了一维数组，而在解决实际问题时，有些需要处理的数据是二维的或者多维的。多维数组元素有多个索引，以标识它在数组中的位置。下面介绍二维数组，二维数组可以看作以一维数组为元素的数组。

4.5.1 二维数组的定义

二维数组的定义与一维数组的定义相似，分为数组的声明与创建两步。

1. 二维数组的声明

二维数组的声明有下列几种方式。

数据类型 数组名 [ ] [ ];

例如：

```
int  a [ ] [ ];
```

或：

数据类型 [ ] [ ] 数组名;

例如：

```
int [ ] [ ]  a;
```

2. 二维数组的创建

创建二维数组的语法格式如下。

数组名=new 数据类型 [元素个数 1] [元素个数 2];

例如：

```
a =new int[3][4];
```

二维数组 a 的内存分布示意如图 4-12 所示。

另外，二维数组中每一维的大小可以不同。

例如：

```
int a[ ][ ] = {{8, 1, 6}, {3, 5}, {4,7,8,9}};
```

其在内存中的存储结构如图 4-13 所示。

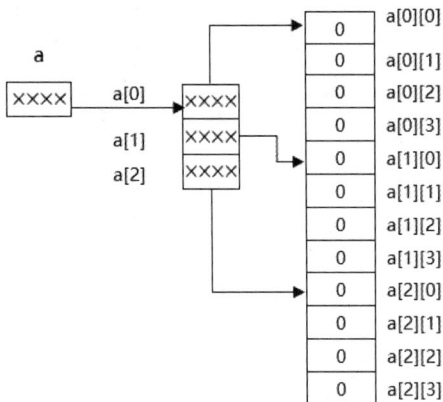

微课 4-8

二维数组的定义
与使用

图 4-12　二维数组 a 的内存分布示意

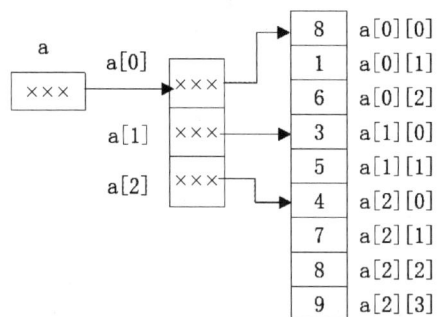

图 4-13　二维数组 a 在内存中的存储结构

或者：

```
int b[ ][ ]=new int[3][ ];      // 在创建数组时仅确定了第一维的维数
b[0]=new int[3];                // 指定第二维的维数
b[1]=new int[4];
b[2]=new int[5];
```

二维数组 b 的内存分布示意如图 4-14 所示。

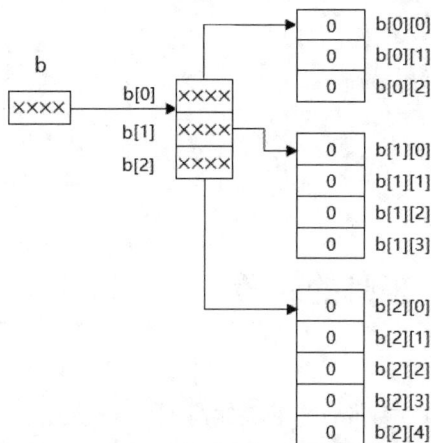

图 4-14　二维数组 b 的内存分布示意

4.5.2　二维数组的静态初始化

二维数组的静态初始化比一维数组的要复杂些，不过方式与一维数组的类似。
例如：

```
int [ ] [ ] SidScore={{1,68,79,90},{2,88,75,60},{3,75,73}}; //第二维元素个数可不同
```

任务 4.6　二维数组元素的访问

二维数组元素可通过两个索引访问，分别是行数组索引和列数组索引。例如，对于二维数组 a，可通过 a[i][j]访问，其中 i 和 j 为数组 a 的行索引和列索引。二维数组的行数可通过 a.length 获取，每一行的长度可通过 a[i]. length 获取。

访问二维数组元素的语法格式如下。

```
数组名[索引1] [索引2];
```

例如：

```
SidScore [1][2];
```

【例 4-9】二维数组 a 中存放着数据，如 int a[ ][ ]={{6,5},{3,5,7,3},{4,2,2}}。请编写程序实现将该二维数组中的数据按行输出。

【例题分析】

二维数组 a 中包含的每一维数组的长度不相同，为此可以借助 a.length 获取一维数组的个数，借助 a[i].length 获取每一个一维数组包含的元素个数。

【程序实现】

```
public class Example4_9 {
    public static void main(String[] args) {
        int a[][]={{6,5},{3,5,7,3},{4,2,2}};
        for(int i=0;i<a.length;i++) {
            for(int j=0;j<a[i].length;j++)
                System.out.print(a[i][j]+"\t");
            System.out.println();
```

```
            }
        }
    }
```

【运行结果】

```
6   5
3   5   7   3
4   2   2
```

【任务实践 4-9】 矩阵的转置

【任务描述】

矩阵转置是一种常见的线性代数操作，它将矩阵的行和列互换，即将矩阵的第 i 行变成第 i 列，第 j 列变成第 j 行。矩阵转置在神经网络、深度学习、图像处理等数学、工程、计算机科学等领域都有着广泛的应用。请编写程序实现将二维数组 a 中保存的矩阵(行和列的维度相等）进行转置。

【任务分析】

对于一般的矩阵转置方法，我们需要定义一个新的二维数组。如果数组 a 中包含 m 行 n 列，则需要定义一个数组 b，包含 n 行 m 列。然后将数组 a 中的元素 $a[i][j]$ 复制到数组 b 的 $b[j][i]$ 中即可。本任务中的二维数组 a 中保存的矩阵的行和列相等，为节省内存空间，避免定义一个新的二维数组，我们可以对二维数组 a 中的数据进行交换，以矩阵的对角线为分界线，将下三角的数据与上三角的数据交换，即交换 $a[i][j]$ 和 $a[j][i]$ 即可。

【任务实现】

```
public class 任务实践 4_9 {
// 输出数组中保存的矩阵
static void printArrs(int a[][]) {
    for (int i = 0; i < a.length; i++) {
        for (int j = 0; j < a[i].length; j++)
            System.out.print(a[i][j] + " ");
        System.out.println();
    }
}
// 将数组 a 中的数据交换，实现矩阵转置
static void swap(int a[][]) {
    int t;
    for (int i = 0; i < a.length; i++) {
        for (int j = 0; j < i; j++) {
            t = a[i][j];
            a[i][j] = a[j][i];
            a[j][i] = t;
        }
    }
}

public static void main(String[] args) {
    int a[][] = { { 1, 2, 3 }, { 4, 5, 6 }, { 7, 8, 9 } };
    System.out.println("原始矩阵: ");
    printArrs(a);
```

```
            swap(a);
            System.out.println("新矩阵: ");
            printArrs(a);
    }
}
```

原始矩阵:
1 2 3
4 5 6
7 8 9
新矩阵:
1 4 7
2 5 8
3 6 9

【任务实践 4-10】 多门课考试成绩的统计

【任务描述】

某班级的考试成绩如表 4-4 所示，请采用二维数组保存这些数据，并计算：

（1）全班所有科目的平均分；

（2）每位学生的平均分。

表 4-4 某班级的考试成绩

学生序号	Java	数据库	Web 前端	大学英语	大学语文
1	99	68	97	88	56
2	89	95	88	59	64
3	89	79	99	58	67
4	59	79	85	68	85

【任务分析】

多门课的成绩可以借助二维数组存储，每一个行数组为一位学生的成绩列表。全班的平均分为数组中全部数据的平均值。每位学生的平均分为每一个行数组中数据的平均值。

【任务实现】

```
public class 任务实践 4_10 {
 public static void main(String[] args) {
        double score[][]= {{99,68,97,88,56},{89,95,88,59,64},{89,79,99,58,67},{59,
79,85,68,85}};
        double sum=0;
        int count=0;
        for(int i=0;i<score.length;i++) {          // 全部数据的总和/全部元素个数为总平均分
            for(int j=0;j<score[i].length;j++)
                sum+=score[i][j];
            count+=score[i].length;
        }
```

```
System.out.println("全班所有科目的平均分为: "+sum/count);
for(int i=0;i<score.length;i++) {          // 每位学生的平均分
    sum=0;
    for(int j=0;j<score[i].length;j++)
        sum+=score[i][j];
    System.out.println("第"+(i+1)+"位学生的平均分为: "+sum/score[i].length);
    }
  }
}
```

【实现结果】

```
全班所有科目的平均分为: 78.55
第1位学生的平均分为: 81.6
第2位学生的平均分为: 79.0
第3位学生的平均分为: 78.4
第4位学生的平均分为: 75.2
```

　　读者可考虑不同的分析维度，比如统计每门课的平均分、查看某门课的不及格率等。通过分析，读者可以更深刻地理解二维数组的应用，并提升数据分析能力。

【任务实践 4-11】 　杨辉三角形

【任务描述】

　　我国南宋数学家杨辉所著的《详解九章算法》中提出了由二项式展开后的系数构成的三角图形，称为"开方做法本源"，又称为"杨辉三角形"。这比法国数学家帕斯卡发现的相同规律的"帕斯卡三角形"早 300 多年。杨辉三角形是中国数学史上的伟大成就之一。

微课 4-9

杨辉三角形

　　杨辉三角形的第 i+1 行是 $(a+b)^i$ 的展开式的系数。下面给出了杨辉三角形前 4 行的一种显示格式。

```
1
1 1
1 2 1
1 3 3 1
```

　　请编写 Java 程序接收用户输入的行数 n，输出杨辉三角形的前 n 行。

　　样例输入：

```
4
```

　　样例输出：

```
1
1 1
1 2 1
1 3 3 1
```

【任务分析】

　　杨辉三角形的数字显示是由多行和多列组成的，为此可以借用前面所学的二维数组存放这些数字。观察杨辉三角形还会发现以下规律。

　　（1）第 n 行有 n 个数字。

（2）每一行开始和结尾的数字都为 1，用二维数组的元素表示为 a[i][0]=1、a[i][j]=1（当 $i==j$时）。

（3）第 i 行的第 j 个数字等于第 $i-1$ 行的第 j 个数字加上第 $i-1$ 行的第 $j-1$ 个数字，用二维数组的元素表示为 a[i][j]=a[$i-1$][j]+a[$i-1$][$j-1$]。

【任务实现】

```java
public class 任务实践4_11 {
    public static void main(String[] args) {
        Scanner input=new Scanner(System.in);
        System.out.print("请输入杨辉三角形的层数");
        int n=input.nextInt();
        int a[][]=new int[n][];             // 定义存放杨辉三角形的二维数组
        for(int i=0;i<n;i++)
            a[i]=new int[i+1];
        for(int i=0;i<n;i++) {               // 对第一列和主对角线上的元素进行初始化
            a[i][0]=1;
            a[i][i]=1;
        }
        for(int i=2;i<n;i++)                 // 生成中间的数据
            for(int j=1;j<i;j++)
                a[i][j]=a[i-1][j]+a[i-1][j-1];
        for(int i=0;i<n;i++) {               // 输出
            for(int j=0;j<a[i].length;j++)
                System.out.printf("%-4d",a[i][j]);
            System.out.println();
        }
    }
}
```

【实现结果】

程序的运行结果如图 4-15 所示。

```
请输入杨辉三角形的层数10
1
1   1
1   2   1
1   3   3   1
1   4   6   4   1
1   5   10  10  5   1
1   6   15  20  15  6   1
1   7   21  35  35  21  7   1
1   8   28  56  70  56  28  8   1
1   9   36  84  126 126 84  36  9   1
```

图 4-15 杨辉三角形

上面的代码在定义存放杨辉三角形的二维数组时采用的是"按需分配"，每一行的长度正好等于本行的数字个数，有的程序写法如下。

```java
int a[][]=new int[n][n];  //定义存放杨辉三角形的二维数组
```

此程序定义了一个 n 行和 n 列的二维数组，而在这个数组中，我们只使用了它的对角线以下的部分，造成了内存资源的浪费。读者在编写程序时要养成多思考、多观察的学习习惯，做到精益求精。

项目分析

　　通过访问中国空气质量在线监测分析平台获取 A 城市的空气质量指标 AQI 值。为了将 A 城市一年的 AQI 数据"存"起来，我们可以使用一维数组，保存最近 3 年的数据可使用二维数组，然后对数组中的数据进行访问即可实现空气质量的统计与分析。

项目实施

```java
public class 空气质量分析 {
 public static void main(String[] args) {
     // 计算过去一年空气质量指标 AQI 的平均值
     double AQI[] = { 111, 75, 122, 76, 84, 83, 65, 76, 68, 73, 78, 82 };
     double sum = 0;
     for (int i = 0; i < AQI.length; i++)
         sum += AQI[i];
     double avg = sum / AQI.length;
     System.out.printf("A市 2023 年的 AQI 平均值为:%.2f\n", avg);
     //查找空气质量最好和最差的月份
     int maxi = 0, mini = 0;
     for (int i = 1; i < AQI.length; i++) {
         if (AQI[maxi] < AQI[i])
             maxi = i;
         if (AQI[mini] > AQI[i])
             mini = i;
     }
     System.out.println("空气质量最好的月份是" + (mini + 1) + "月,AQI:" + AQI[mini]);
     System.out.println("空气质量最差的月份是" + (maxi + 1) + "月,AQI:" + AQI[maxi]);
     // 对比最近 3 年的空气质量均值
     double a[][] = { { 144, 128, 101, 86, 104, 111, 97, 62, 90, 94, 87, 106 },
             { 134, 74, 80, 80, 85, 97, 89, 64, 78, 77, 80, 122 },
             { 111, 75, 121, 76, 84, 83, 65, 76, 68, 73, 78, 82 } };
     for (int i = 0; i < a.length; i++) {
         sum = 0;
         for (int j = 0; j < a[i].length; j++) {
             sum += a[i][j];
         }
         avg = sum / 12;
         System.out.printf("%d 年的平均空气质量指标 AQI: %.2f\n", (2021 + i), avg);
     }
 }
}
```

　　数据分析结果如下。

```
A市 2023 年的 AQI 平均值为:82.75
空气质量最好的月份是 7 月,AQI:65.0
空气质量最差的月份是 3 月,AQI:122.0
2021 年的平均空气质量指标 AQI: 100.83
```

2022 年的平均空气质量指标 AQI：88.33
2023 年的平均空气质量指标 AQI：82.67

通过分析结果可以看到，随着社会对环境问题的不断重视，A 城市的空气质量正逐渐得到改善。为了拥有更加清新宜人的生活环境，我们需要采取行动，包括但不限于减少汽车尾气排放、支持使用清洁能源，并倡导低碳生活方式。作为当代年轻人，我们有责任积极推动技术创新，加强环保宣传，以促使整个社会共同努力，实现人与自然和谐共生。

项目实训　数组的综合应用——射击选手的选拔

【项目描述】

某学校要从甲、乙两位优秀选手中选拔一位参加全市中学生射击比赛，学校预先对这两位选手测试了 5 次，成绩（单位：环）如下。

甲选手 5 次得分：10、8、9、9、9。

乙选手 5 次得分：10、10、7、9、9。

请你根据 5 次测试的成绩做出判断，派哪位选手参赛更好？为什么？

【项目分析】

判断哪位选手入选，首先应考虑各选手的平均水平，甲、乙两位选手的 5 次测试成绩组成一个总体，要评价哪位选手的成绩好，可以从总体的平均数和方差两个角度衡量。若选手的成绩总体平均数较大，则说明该选手成绩好；若甲、乙选手的总体平均数相等，则要比较方差。

方差是指从概率论和统计方面衡量随机变量或一组数据离散程度的方式，是一组数据中的所有数与该组数据平均数之差的平方的平均值。设一组数据 $x_1, x_2, x_3, \cdots, x_n$ 中，各组数据与它们的平均数 $\overline{x}$ 的差的平方分别是 $(x_1 - \overline{x})^2, (x_2 - \overline{x})^2, \cdots, (x_n - \overline{x})^2$，那么它们的平均数就是这组数据的方差。方差可以衡量这组数据的波动大小，即表示一组数据的离散程度，方差越大，数据波动越大。方差的算术平方根为该组数据的标准差。

【项目实现】

```java
public class ScoreAnalyse {
    public static void main(String[] args) {
        int score1[]= {10,8,9,9,9};
        int score2[]= {10,10,7,9,9};
        double x1=0,x2=0;
        for(int i=0;i<score1.length;i++)
            x1+=score1[i];
        x1=x1/score1.length;
        for(int i=0;i<score2.length;i++)
            x2+=score2[i];
        x2=x2/score2.length;
        System.out.println("两位选手得分的平均分分别是: "+x1+","+x2);
        if(x1>x2)
            System.out.println("甲选手胜出");
        else if(x1<x2)
            System.out.println("乙选手胜出");
        else {                              // 计算两位选手得分的方差
            double s1=0,s2=0;
```

```
        for(int i=0;i<score1.length;i++)
            s1+=(score1[i]-x1)*(score1[i]-x1);
        s1=s1/score1.length;              // 甲选手得分的方差
        for(int i=0;i<score2.length;i++)
            s2+=(score2[i]-x2)*(score2[i]-x2);
        s2=s2/score2.length;              // 乙选手得分的方差
        System.out.println("两位选手得分的方差分别是: "+s1+","+s2);
        if(s1<s2)                         // 方差越小，说明成绩越稳定
            System.out.println("甲选手胜出");
        else
            System.out.println("乙选手胜出");
        }
    }
}
```

【实现结果】

```
两位选手得分的平均分分别是: 9.0,9.0
两位选手得分的方差分别是: 0.4,1.2
甲选手胜出
```

项目小结

　　使用数组可以方便地存储大量同类型的数据，并且便于对数据进行访问和操作。本项目我们深入学习了一维数组和二维数组的定义、元素访问方式，一维数组中数据的查找，以及常用的排序算法。在学习过程中，我们需要注意数组是一种引用数据类型，其定义和内存使用方式与基本数据类型有所不同。学习完本项目，我们应该掌握如何使用数组来存取数据，包括数组的定义、遍历方法，以及常用的查找最值和排序的算法。同时，我们应该能够运用数组解决实际问题，并形成良好的数据分析思维。本项目的知识点如图 4-16 所示。

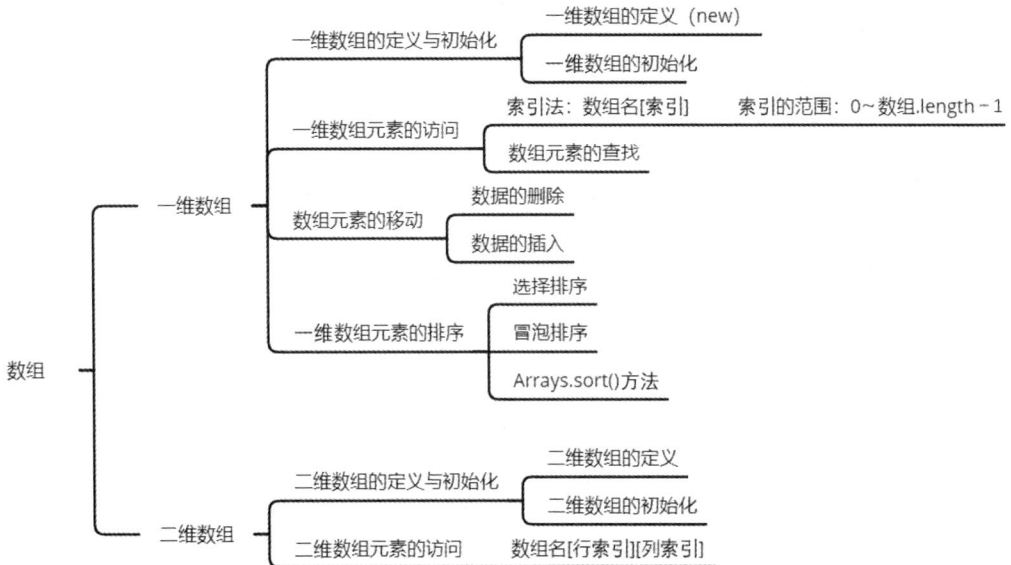

图 4-16　项目 4 的知识点

自我检测

一、选择题

1. 数组中可以包含什么类型的元素？（　　）

A. int　　　　　　　　B. String　　　　C. 数组　　　　　D. 以上都可以

2. Java 中定义数组名为 xyz，下面哪项可以得到数组元素的个数？（　　）

A. xyz.length( )　　　B. xyz.length　　C. len(xyz)　　　D. length(xyz)

3. 下面哪条语句定义了包含 3 个元素的数组？（　　）

A. int [ ] a={20,30,40};

B. int a [ ]=new int(3) ;

C. int [3] array;

D. int arr [3];

4. 有如下程序，关于该程序的描述哪个是正确的？（　　）

```
public class Test{
    public static void main(String a[]) {
        int arr[] = new int[10];
        System.out.println(arr[1]);
    }
}
```

A. 编译时将产生错误

B. 编译正确，但运行时将产生错误

C. 正确，输出 0

D. 正确，输出 null

5. 执行完代码"int[] x = new int[5];"后，以下哪项说明是正确的？（　　）

A. x[4]为 0

B. x[4]未定义

C. x[5]为 0

D. x[0]为未知数

6. 下面二维数组的初始化语句中，正确的是（　　）。

A. float b[2][2]={0.1,0.2,0.3,0.4};

B. int a[ ][ ]={{1,2},{3,4}};

C. int a[2][ ]= {{1,2},{3,4}};

D. float a[2][2]={0};

7. 访问数组元素时，数组索引可以是（　　）。

A. 整型常量

B. 整型变量

C. 整型表达式

D. 以上均可

8. 数组作为方法的参数时，向被调方法传递的是（　　）。

A. 数组的引用

B. 数组的栈地址

C. 数组的名字

D. 数组的元素

二、编程题

1. 查找一个数 x 在数组中出现的次数。

2. 查找一个数组中的最大值，并显示最大值对应的数组中的位置。

3. 如何将一个数组中多个值为 x 的元素删除？请编写程序删除数组{3,2,5,5,1,5,5,9}中所有的 5。

4. 编写方法实现将一个给定的一维数组转置。

例如源数组：1 2 3 4 5 6。

转置之后的数组：6 5 4 3 2 1。

5. 现在有如下一个数组：

```
int oldArr[ ]={1,3,4,5,0,0,6,6,0,5,4,7,6,7,0,5};
```

编写程序将以上数组中值为 0 的项去掉，将不为 0 的值存入一个新的数组，生成的新数组为：

```
int newArr[ ]={1,3,4,5,6,6,5,4,7,6,7,5};
```

6. 编写程序，生成 0~9 的 100 个随机整数并统计每一个数出现的次数。

7. 编程实现矩阵的转置。矩阵的转置是指将矩阵的行、列互换得到新矩阵。

8. 某年级的考试成绩如表 4-5 所示，请分析表中 1 班、2 班哪个班的考试成绩好。（计算每个班的平均成绩，若平均成绩相同，则需要进一步计算其方差。）

表 4-5　某年级的考试成绩

班级	各科分数				
1 班	89	95	88	59	64
2 班	89	79	90	58	

项目5
助农超市购物程序
——面向对象基础

05

情景导入

又到了一年中丰收的季节，张思睿家乡的农产品现在不愁卖了。国家为了帮助贫困地区解决农产品滞销问题，支持农产品批发市场、连锁超市、生鲜电商等各类农产品流通企业进一步做大、做实农产品销售专柜、专区、专档，拓宽农产品营销渠道。

现在家乡的农产品已经进入各大连锁超市销售，张思睿非常开心。他想利用所学的 Java 知识编写一个程序，满足人们到超市购买农产品的需求。考虑到程序中涉及的数据有各个连锁超市，以及每个超市中有若干种类的农产品，最好使用面向对象的编程思维来解决这个问题。接下来，让我们一起学习一种新的程序设计理念——面向对象吧！

项目目标

- 熟悉面向对象编程的 3 个特征。
- 掌握类的定义，以及对象的创建与使用。
- 掌握构造方法，以及 this 和 static 关键字的使用。
- 掌握继承的概念、方法的重写和 super 关键字。
- 增强承担社会责任的意识，培养创新思维能力。

知识储备

面向对象是一种程序设计范式，通过对现实世界的理解和抽象，将相关的数据和方法组织为一个整体进行系统建模。在程序中，可以使用对象来映射现实中的事物，描述它们之间的关系。面向对象更贴近事物的自然运行模式，符合人类的思维习惯，是一种直观且结构简单的程序设计方法。

任务 5.1 面向对象的特征

面向对象的特征主要有封装性、继承性和多态性。

1. 封装性

将对象的属性和行为封装起来，尽可能地隐藏内部的细节，只保留一些对外的接口，通过接口与外部发生联系，这就是封装的思想。例如，用户使用计算机执行某个操作时，只需要用手指按键盘就可以了，无须知道计算机内部是如何工作的。封装性是面向对象的核心特征之一。

2. 继承性

继承性主要描述的是类与类之间的关系。继承也是一种代码复用的手段，通过继承，可以在无须重新编写原有类的情况下对原有类的功能进行扩展。例如，有一个鼠标类，该类描述了鼠标的普遍特性和功能，而无线鼠标类不仅应该包含鼠标的普遍特性和功能，还应该包含无线鼠标特有的功能。这时可以让无线鼠标类继承鼠标类，在无线鼠标类中单独添加无线鼠标特有的功能就可以了。可以发现，继承性不仅可增强代码的复用性，提高开发效率，还可为程序的扩展提供便利。

3. 多态性

多态性指的是在父类中定义的属性和方法被子类继承之后，表现出不同的行为，这使得同一个属性或方法在父类及其各个子类中具有不同的含义。例如，当提到动物发出叫声时，狗的叫声是"汪汪"，而猫的叫声是"喵喵"，不同对象表现的行为是不一样的。

下面围绕这 3 个特征来介绍。

任务 5.2 类与对象

类与对象是面向对象编程中较重要、核心的两个基本概念。其中，类是对某一类事物的抽象描述，而对象用于表示现实中该类事物的个体。下面通过图 5-1 来描述类与对象的关系。

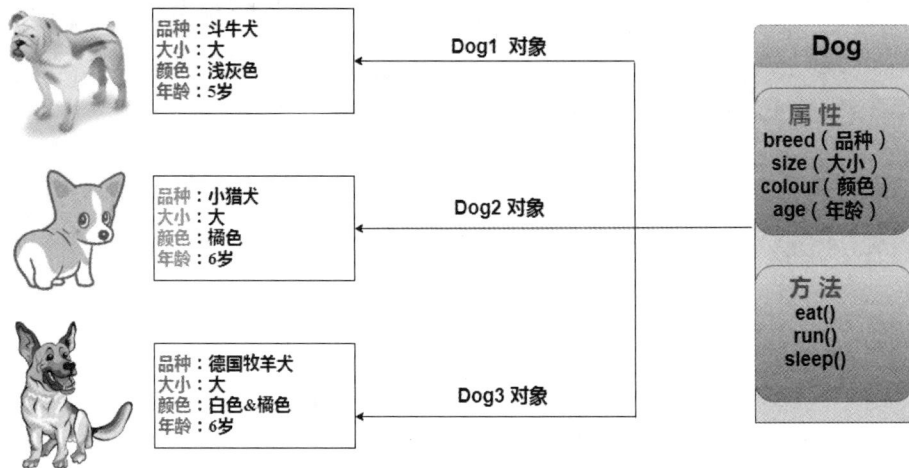

图 5-1 类与对象

在图 5-1 中，斗牛犬、小猎犬、德国牧羊犬是现实中存在的一个个对象，它们有许多共同的特征和行为，与右边的 Dog 类中的成员一一对应。可以发现，类用来描述多个对象的共同特征，是对象的模板，而对象用来描述现实中的个体，它是类的实例。一个类可以创建出无数个具体实例——对象。

将同类对象的主要特性抽象封装为类，通过类构造实例对象。这好比辩证法在人类认识事物的过程中的应用，人类认识事物通常是从具体到抽象，再从抽象到具体的过程。

5.2.1 类的定义

微课 5-1

类的定义与对象的创建

Java 程序中经常使用对象。为了在程序中创建对象，首先需要定义类。前面已经提到，类是对象的抽象，用于描述某一类对象共同具有的特征和行为，这些特征和行为对应类中的成员变量和成员方法，其中，成员变量用于描述对象的特征，也叫作属性；成员方法用于描述对象的行为（操作）或者功能，简称方法。在 Java 中定义一个类的语法格式如下。

```
[修饰符] class 类名 {
      成员变量的定义;
      成员方法的定义;
}
```

> **说明** 修饰符包括 public、final、abstract 等，关于这些修饰符的含义后文有详细介绍，目前在定义类的时候可不加修饰符。

【例 5-1】定义学生类。

【例题分析】

在日常生活中，一个学生的信息需要用两个属性来描述：名字和年龄。为此，我们定义一个 Student 类，对应设计两个成员变量——name 表示学生的名字，age 表示学生的年龄，再定义一个方法 study()，表示学生的学习行为（功能）。

【程序实现】

```
class Student{            // 定义学生类
    String name;          // 定义成员变量 name 表示名字，字符串型
    int age;              // 定义成员变量 age 表示年龄，int 型
    void study(){         // 定义成员方法 study()表示学生的学习行为
        // 在成员方法中可直接访问成员变量 name
        System.out.println(name+"同学正在学习中……");
    }
}
```

5.2.2 对象的创建与使用

当定义好类之后，下一步便是创建类的实例对象了。一个类可以生成多个对象。在 Java 中，创建类的实例对象的语法格式如下。

```
类名 对象名 = new 类名();
```

例如，创建一个 Student 类的实例对象，代码如下。

```
Student stu = new Student();
```

在上述代码中，"new Student()"用于创建 Student 类的一个实例对象，"Student stu"则可看作声明了一个 Student 类型的变量 stu。通过运算符"="将创建的 Student 对象在内存中的地址赋给变量 stu，这样变量 stu 便指向或者引用了该对象。通常将变量 stu 引用的对象简称为

stu 对象。图 5-2 描述了它们之间的引用关系。

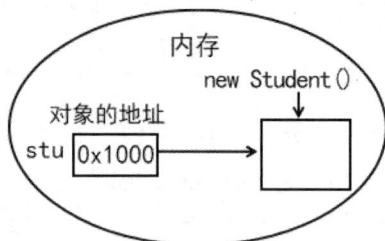

图 5-2　内存分析

创建 Student 类的对象后，便可以通过对象的引用来访问对象的某个属性或者方法，通过"."运算符实现，语法格式如下。

对象引用.成员

【例 5-2】创建对象并访问对象的成员。

【例题分析】

针对【例 5-1】定义的学生类 Student，在测试类中分别创建两个学生对象，给每个学生对象的 name、age 属性赋值，并调用其 study()方法。

【程序实现】

```java
public class Example5_2 {
    public static void main(String[] args) {
        Student stu1=new Student();      // 创建第一个 Student 对象 stu1
        stu1.name="张三";                // 为 stu1 对象的 name 属性赋值
        stu1.age=20;                     // 为 stu1 对象的 age 属性赋值
        stu1.study();                    // 调用 stu1 对象的 study()方法
        Student stu2=new Student();      // 创建第二个 Student 对象 stu2
        stu2.name="李四";                // 为 stu2 对象的 name 属性赋值
        stu2.age=25;                     // 为 stu2 对象的 age 属性赋值
        stu2.study();                    // 调用 stu2 对象的 study()方法
    }
}
```

【运行结果】

张三同学正在学习中……
李四同学正在学习中……

从程序运行结果可以看出，stu1 对象和 stu2 对象在调用 study()方法时，输出的 name 值并不相同。这是因为"stu1"和"stu2"分别引用了两个 Student 类的实例对象，它们各自是不同的。这两个对象在内存中占用不同的存储空间，是完全独立的个体，分别拥有各自的 name、age属性和 study()方法，在访问的时候互不影响。在程序运行期间，stu1、stu2 对象在内存中的状态如图 5-3 所示。

修改上述【例 5-2】代码中 stu2 的引用，程序会输出什么结果呢？即在【例 5-2】中最后增加两行代码"stu2=stu1;//将 stu1 的引用赋给 stu2""stu2.study();"。从程序运行结果可以看出，最后一行 stu2 对象在调用 study()方法时，输出的 name 值并不是之前的"李四"而是"张三"了。这是因为后面 stu2 不再引用之前的"李四"这个学生对象了，而是也引用了 stu1 所引用的"张三"这个学生对象，因此输出的名字为"张三"。

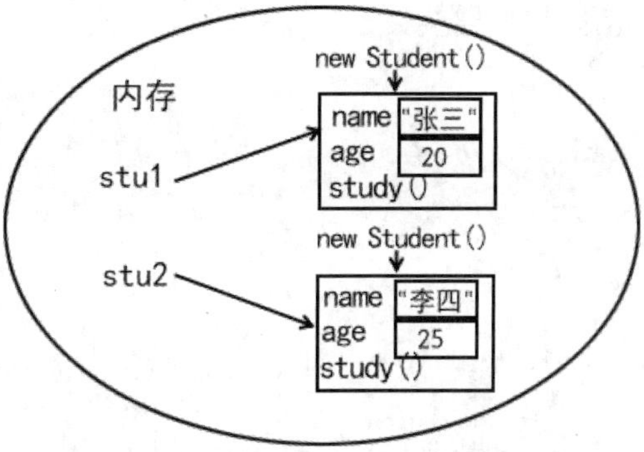

图 5-3 stu1 和 stu2 对象在内存中的状态

注意 如果创建完一个对象却不给其属性赋值，则属性是有默认值的。例如，创建完 stu2 对象，不给 name 属性赋值，则其默认值是 null；如果不给 age 属性赋值，则其默认值是 0。这是因为在实例化对象时，Java 虚拟机会自动对其成员变量进行初始化，且针对不同类型的成员变量，Java 虚拟机会赋予不同的初始值。例如，byte、short、int、long 型成员变量的初始值都是 0；float、double 型成员变量的初始值都是 0.0；char 型成员变量的初始值是空字符，即'10'；boolean 型成员变量的初始值是 false；引用类型成员变量的初始值则是 null。

【任务实践 5-1】 购买火车票

【任务描述】

在寒暑假期间，学生购买火车票可以享受半价优惠。如果是普通旅客（儿童、军人等特殊群体除外），则需要购买全价票。设计一个购买火车票的程序，旅客购票时，在控制台输出旅客的姓名、类别、是否全价购票等信息。

【任务分析】

（1）通过任务描述可知，需要定义一个旅客类 Passenger。类中具有属性：名字（name）、类别（kind）；类中具有购票功能：定义一个购票的方法 buyTickets()。

（2）在测试类中创建几个旅客对象并进行购票。

【任务实现】

① 旅客类。

```
public class Passenger {
    private String name;
    private String kind;
    public void setName(String name) {
        this.name = name;
    }
    public String getName() {
        return name;
    }
```

```
    public void setKind(String kind) {
        this.kind = kind;
    }
    public String getKind() {
        return kind;
    }
    public void buyTickets() {
        if (kind == "学生") {
            System.out.println(name + "\t\t" + kind + "\t\t" + "半价购票");
        } else {
            System.out.println(name + "\t\t" + kind + "\t\t" + "全价购票");
        }
    }
}
```

说明：在设置类的属性时，我们通常会对数据进行访问权限控制，提高数据的隐私性，这也是类的封装性的体现。实现方法是用 private 修饰一个属性，再编写一对与之相对应的公共的访问方法，用于外部访问或者修改该属性的值。例如，上面的代码中定义了属性 private String name;，则相应地分别定义 getter 和 setter 方法，即 getName()和 setName()方法。

② 测试类。

```
public class 任务实践5_1 {
  public static void main(String[] args) {
        System.out.println("姓名" + "\t\t" + "类别" + "\t\t" + "票价");
        System.out.println("------------------------------------");
        Passenger p1 = new Passenger();
        p1.setName("张明");
        p1.setKind("普通人群");
        p1.buyTickets();
        Passenger p2 = new Passenger();
        p2.setName("赵丽");
        p2.setKind("学生");
        p2.buyTickets();
    }
}
```

【实现结果】

姓名	类别	票价

张明	普通人群	全价购票
赵丽	学生	半价购票

5.2.3 构造方法

通过前面的例题可以看到，创建完一个类的对象后，如果要为这个对象中的属性赋值，则必须通过直接访问对象的属性或调用 setter 方法才可以实现。如果对象的属性比较多，则一个一个赋值很麻烦。如果想要在创建对象的同时就为这个对象的属性赋值，则可以通过构造方法来实现。构造方法可以一次给多个属性赋值。

微课 5-2

构造方法

构造方法是类的一种特殊方法，可用来初始化类的一个实例对象。它在创建对象（使用 new 关键字）时自动调用。构造方法有以下特点。

（1）方法名与类名相同。

（2）没有任何返回值类型修饰符，包括 void。

（3）只在用 new 关键字创建对象时被调用。

【例 5-3】在 Student 类中定义构造方法。

【例题分析】

在学生类 Student 中增加构造方法的定义，实现在创建 Student 对象的同时就为这个对象的属性赋值。

【程序实现】

```java
class Student {
    String name;
    int age;
    Student(String n, int a) {        // 定义构造方法
        name = n;                     // 给 name 属性赋值
        age = a;                      // 给 age 属性赋值
    }
    void study() {
        System.out.println(name + "同学    年龄"+age+" 正在学习中……");
    }
}
public class Example5_3 {
    public static void main(String[] args) {
        Studentstu1 = new Student("张三", 18);  // 创建 Student 对象 stu1 时调用构造方法
        stu1.study();
        Studentstu2 = new Student("李四", 20);  // 创建 Student 对象 stu2 时调用构造方法
        stu2.study();
    }
}
```

【运行结果】

```
张三同学    年龄 18 正在学习中……
李四同学    年龄 20 正在学习中……
```

说明：如果开发者没有为一个类定义任何构造方法，那么 Java 会自动为这个类创建一个默认的构造方法。这个默认的构造方法没有任何参数，在其方法体（一个方法可以分为方法头和方法体，方法头是指方法定义的第一行中包含返回值类型、方法名、参数列表的部分，方法体是指花括号括起来的内容）中也没有任何代码，即什么也不做。

在【例 5-1】中，Student 类中并没有定义构造方法，系统会自动添加一个默认的空构造方法，如下所示。

```java
class Student{
    Student(){
    }
……
}
```

5.2.4　this 关键字

在【例5-3】中定义构造方法时，方法的形参用 n 表示名字，用 a 表示年龄，程序的可读性很差。如果形参用 name 表示名字，用 age 表示年龄，则会让程序的可读性增强，但又会导致成员变量名称与局部变量（一个方法中定义的变量、形参均为局部变量）名称冲突，在方法中将无法访问成员变量 name、age。为了解决这个问题，Java 提供了一个关键字 this，它指代当前对象，可用于表示访问这个对象的成员。

微课 5-3

this 关键字

下面对【例5-3】中定义的构造方法进行修改，代码如下。

```java
class Student{
    String name;
    int age;
    Student(String name,int age) {
        this.name=name;        // 给 name 属性赋值为 name
        this.age=age;          // 给 age 属性赋值为 age
    }
    …… // Student 类的其他方法
}
```

在上面的代码中，构造方法的参数被定义为 name 和 age，它们是局部变量。在类中还定义了两个成员变量，名称也是 name 和 age，在构造方法中如果直接使用 name 和 age，则会访问局部变量，但如果使用 this.name 和 this.age，则会访问成员变量。

this 关键字不仅可以访问成员变量，还可以调用成员方法。示例代码如下。

```java
class Student {
    ……
    void read(){
        System.out.println(name + "同学 正在读书");
    }
    void write(){
        System.out.println(name + "同学 正在写字");
    }
    void study() {
        this.read();
        this.write();
    }
}
```

说明：此处的 this 关键字也可以省略不写。

this 关键字还有第三种用法。一个类中可以定义多个构造方法，构造方法是在创建对象时被 Java 虚拟机自动调用的，因此在程序中不能像调用其他方法一样调用构造方法，但可以在一个构造方法中使用 "this([参数 1,参数 2,…])" 的形式来调用其他构造方法。

【例5-4】构造方法的调用。

【例题分析】

在【例5-3】学生类 Student 中增加两个构造方法，其中一个构造方法的参数只有一个，用于给 name 属性赋值，另外一个构造方法的参数有两个，分别用于给 name、age 属性赋值，在此构造方法中调用只有一个参数的构造方法实现给 name 属性赋值。

【程序实现】

```
class Student {
  String name;
  int age;
  Student(String name) {
      this.name = name;
  }
  Student(String name, int age) {
      this(name);
      this.age = age;
  }
  void study() {
      System.out.println(name + "同学 年龄"+age+" 正在学习中……");
  }
}
public class Example5_4 {
  public static void main(String[] args) {
      Studentstu1 = new Student("张三");      // 创建 Student 对象 stu1 时调用构造方法
      stu1.study();
      Studentstu2 = new Student("李四", 20); // 创建 Student 对象 stu2 时调用构造方法
      stu2.study();
  }
}
```

【运行结果】

张三同学 年龄 0 正在学习中……
李四同学 年龄 20 正在学习中……

注意：在构造方法中，使用 this 关键字调用另外一个构造方法的语句必须位于第一行，且只能出现一次。

【任务实践 5-2】 智能电视机的使用

【任务描述】

随着科技的快速发展，智能电视机的普及程度越来越高。智能电视机是一种具备互联网功能的电视机。智能电视机除了可以收看电视节目，还可以观看各种视频内容，包括网络视频、电影、电视剧和直播节目。用户可以通过智能电视机上的应用商店下载各种应用程序，如视频播放器、音乐应用、社交媒体和游戏等。智能电视机还支持投屏功能，满足了人们对娱乐的感观要求。

本任务要求使用前面所学的知识编写一个程序，模拟智能电视机的使用，包括显示电视机的配置信息、收看电视节目、播放视频、投屏、玩游戏等。

【任务分析】

（1）通过任务描述可知，需要定义一个智能电视机类 SmartTV。该类具有的属性包括品牌（brand）、型号（model）、屏幕尺寸（size）；具有的功能包括显示配置信息 [displayInfo()]、收看节目 [watchTV()]、播放视频 [showVideo()]、投屏 [screenProjection()]、玩游戏 [playGame()]，因此可以把这些功能定义为对应的成员方法。

（2）测试类创建两个智能电视对象并测试其各项功能。

【任务实现】

① 智能电视机类。

```java
public class SmartTV {
    private String brand;
    private String model;
    private String size;
    ……此处省略类的构造方法以及 getter、setter 方法
    public void displayInfo() {
        System.out.println("该智能电视机的配置信息为: " + brand + " " + model + " " + size);
    }
    public void watchTV(int no) {
        String num = null;
        switch (no) {
            case 1:
                num = "CCTV-1 综合频道";
                break;
            ……此处省略其他频道代码
        }
        System.out.println("正在收看" + num + "节目……");
    }
    public void showVideo() {
        System.out.println("正在播放视频……");
    }
    public void playGame(String name) {
        System.out.println("正在玩游戏: " + name);
    }
    public void screenProjection(String kind) {
        System.out.println(kind + "的屏幕已经投到电视上了");
    }
}
```

② 测试类。

```java
public class 任务实践5_2 {
    public static void main(String[] args) {
        SmartTV st1 = new SmartTV("海信", "音乐电视-V 系列", "55 英寸");
        st1.displayInfo();
        st1.watchTV(1);
        st1.showVideo();
        st1.screenProjection("手机");
        st1.playGame("斗地主");
        ……此处省略创建其他品牌和型号的智能电视机对象并调用其方法
    }
}
```

【实现结果】

```
该智能电视机的配置信息为: 海信 音乐电视-V 系列 55 英寸
正在收看 CCTV-1 综合频道节目……
正在播放视频……
手机的屏幕已经投到电视上了
正在玩游戏: 斗地主
```

【任务实践 5-3】 账号的充值与消费

【任务描述】

账号的充值和消费是我们日常生活中非常熟悉的场景，游戏用户可以通过充值来增加游戏中的虚拟货币，然后使用该虚拟货币来购买游戏道具、参与游戏活动等。本任务要求使用所学知识编写一个游戏账号的充值和消费程序，实现账号的充值和消费功能。

【任务分析】

（1）通过任务描述可知，需要定义一个游戏账号类 GameAccount 实现游戏账号的描述。类中包括两个属性：accountNum 表示账号，leftMoney 表示游戏币余额。类中包括 3 个方法：saveMoney()表示充值功能，getMoney()表示消费功能，getLeftMoney()表示查询余额功能。

（2）编写测试类，在 main()方法中创建一个 GameAccount 类对象 ga 并实现充值、消费功能。

【任务实现】

① 游戏账号类。

```java
public class GameAccount {
  private int accountNum;
  private int leftMoney;
  ……此处省略类的构造方法以及 getter、setter 方法
  public void saveMoney(int money) {
      leftMoney += money;
  }
  public void getMoney(int money) {
      if (money <= leftMoney)
          leftMoney -= money;
      else
          System.out.println("想要消费"+money+"游戏币，但当前账户余额不够！");
  }
}
```

② 测试类。

```java
public class 任务实践5_3 {
  public static void main(String[] args) {
      GameAccount ga = new GameAccount(123456, 1000);
      ga.saveMoney(800);
      System.out.println("存入 800 游戏币后，您的余额为: " + ga.getLeftMoney());
      ga.getMoney(600);
      System.out.println("消费 600 游戏币后，您的余额为: " + ga.getLeftMoney());
      ga.getMoney(2000);
  }
}
```

【实现结果】

```
存入 800 游戏币后，您的余额为: 1800
消费 600 游戏币后，您的余额为: 1200
想要消费 2000 游戏币，但当前账户余额不够！
```

5.2.5　static 关键字

static 是 Java 中的一个关键字或者修饰符，它表示静态，可用于修饰类中的
成员变量、成员方法以及代码块。被 static 修饰的成员具有一些特殊性，下面详
细介绍。

微课 5-4

static 关键字

1. 静态变量

前面介绍过，基于一个类可以创建多个该类的对象。每个对象都拥有自己的
存储空间，存储各自的数据，对象与对象之间是相互独立的。然而在某些时候，
我们希望某些特定的数据在内存中只有一份，而且能够被该类的所有对象共享，例如，某个学校的
所有学生共享同一个学校名称、所有中国人共享同一个祖国等。此时在定义学生类时，完全不必在
每个学生对象占用的内存空间中都定义一个变量来表示学校名称，因为这样不仅占用内存空间，一
旦学校名称发生变化，并且在名称变化之前已经创建了很多个对象，还需要对每个对象的该属性进
行修改，这是非常麻烦的事。在这种情况下，可以在对象以外的空间定义一个表示学校名称的变量，
让所有学生对象共享它。

在 Java 中，可以通过 static 关键字修饰类的成员变量，该变量称为静态变量。静态变量被该
类所有的实例对象共享。在访问时，既可以通过"类名.静态变量名"的形式来访问，又可以通过"对
象名.静态变量名"的形式来访问。

【例 5-5】静态变量的使用。

【例题分析】

定义一个人类 Person，并在 Person 中定义一个静态变量 country 表示所属的国家，在测试
类中分别创建两个 Person 对象，在访问该静态变量时分别以类名和对象名访问。

【程序实现】

```
class Person{
    static String country;                    // 定义静态变量country
}
public class Example5_5 {
    public static void main(String[] args) {
        Person p1=new Person ();
        p1.country ="中国";                     // 通过对象访问静态变量并为其赋值
        Person p2=new Person();
        System.out.println(p2.country);
        Person.country="中华人民共和国";          // 通过类访问静态变量并为其赋值
        System.out.println(p1.country);
        System.out.println(p2.country);
    }
}
```

【运行结果】

```
中国
中华人民共和国
中华人民共和国
```

从运行结果可以发现，静态变量 country 被所有 Person 对象共享，其内存分配情况如图 5-4
所示。

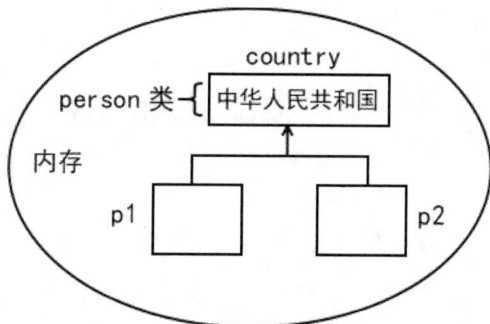

图 5-4 静态变量的内存分配情况

2. 静态方法

如果想要使用类中的成员方法，就需要先用该类创建对象。然而在实际开发中，有时希望在不创建对象的情况下就可以调用某个方法，这样该方法不必和对象绑在一起。要实现这样的效果，只需要在定义成员方法时在前面加上 static 关键字，通常称这种方法为静态方法。同静态变量一样，静态方法既可以通过类名调用，又可以通过对象名调用。建议通过类名来调用静态方法。

【例 5-6】静态方法的调用。

【例题分析】

在学生类 Student 中定义一个静态方法 sayHello()表示打招呼的行为，在测试类中创建一个 Student 对象，在调用该静态方法时分别以类名和对象名来调用。

【程序实现】

```
class Student {
    static void sayHello(){          // 定义静态方法
        System.out.println("你好! 我是一名学生! ");
    }
}
public class Example5_6 {
    public static void main(String[] args) {
        Student.sayHello();          // 以类名.方法的方式调用静态方法
        Student stu=new Student ();
        stu.sayHello();              // 以对象名.方法的方式调用静态方法
    }
}
```

【运行结果】

你好! 我是一名学生!
你好! 我是一名学生!

> **注意** 在静态方法中只能访问用 static 关键字符修饰的成员。

3. 静态代码块

代码块就是用花括号将多行代码封装在一起形成的独立代码区。用 static 关键字修饰的代码块叫作静态代码块。当类被加载时，静态代码块会执行。由于类只被加载一次，因此静态代码块只执行一次。通常在静态代码块中执行一些一次性的初始化操作，如读取配置文件、建立数据库连接等。

【例 5-7】静态代码块的使用。

【例题分析】

在学生类 Student 中定义静态代码块，在测试类中分别创建两个学生对象，分析静态代码块的执行。

【程序实现】

```java
class Student {
    String name;
    Student(String name) {
        this.name = name;
        System.out.println("构造方法被调用了");
    }
    void study() {
        System.out.println(name + "同学正在学习中……");
    }
    //静态代码块
    static {
        System.out.println("初始化操作");
    }
}
public class Example5_7 {
    public static void main(String[] args) {
        Student stu1 = new Student("张三");
        stu1.study();
        Student stu2 = new Student("李四");
        stu2.study();
    }
}
```

【运行结果】

```
初始化操作
构造方法被调用了
张三同学正在学习中……
构造方法被调用了
李四同学正在学习中……
```

程序运行时执行 main() 方法，在方法中首先要创建 Student 类的对象，因此 Java 虚拟机会首先加载 Student 类，在加载类的同时会执行该类的静态代码块。尽管创建了两个 Student 对象，但是静态代码块只执行了一次，因为 Student 类只需要加载一次。

【任务实践 5-4】 共饮同井水

【任务描述】

编写程序模拟两个村庄共用同一口井的水。任意一个村庄都可以取用井里的水，也都可以查看井里的水量。

【任务分析】

（1）通过任务描述可知，需要定义一个村庄类 Village。Village 类有一个成员变量 peopleNumber 表示村庄的人数，一个成员变量 waterAmount 用于模拟井里的水量，该成员变量是静态的；还有一个方法 setWaterAmount()用于设置井里的初始水量，一个方法 lookWaterAmount()用于查看井里的水量，这两个方法都是静态的，还有一个非静态方法 drinkWater()用于表示该村庄的人取用水（喝水）。

（2）在测试类中创建两个村庄，一个村庄改变了变量 waterAmount 的值，另一个村庄查看变量 waterAmount 的值。

【任务实现】

① 村庄类。

```java
public class Village {
  private static int waterAmount;
  private int peopleNumber;
  private String name;
  ……此处省略类的构造方法以及 getter、setter 方法
  public void drinkWater(int n) {
    if (waterAmount - n >= 0) {
      waterAmount = waterAmount - n;
      System.out.println(name + "喝了" + n + "升水");
    } else
      waterAmount = 0;
  }
}
```

② 测试类。

```java
public class 任务实践5_4 {
  public static void main(String[] args) {
    Village.setWaterAmount(200);
    System.out.println("水井中有" + Village.getWaterAmount() + "升水");
    Village wang = new Village("王家庄", 100);
    Village zhao = new Village("赵家沟", 160);
    System.out.println("王家庄的人口" + wang.getPeopleNumber());
    System.out.println("赵家沟人口" + zhao.getPeopleNumber());
    wang.drinkWater(50);
    int leftWater = zhao.getWaterAmount();
    System.out.println(zhao.getName() + "发现水井中有" + leftWater + "升水");
    leftWater = wang.getWaterAmount();
    System.out.printlnwang.getName() + "发现水井中有" + leftWater + "升水");
  }
}
```

【实现结果】

```
水井中有 200 升水
王家庄的人口 100
赵家沟的人口 160
王家庄喝了 50 升水
赵家沟发现水井中有 150 升水
王家庄发现水井中有 150 升水
```

5.2.6 访问权限修饰符

Java 采用访问权限修饰符来控制类及类中成员的访问权限，从而向使用者暴露接口，但隐藏实

现细节。访问权限由小到大分为 4 种级别，如表 5-1 所示。

表 5-1　访问权限的级别

访问范围	访问权限修饰符			
	private	default	protected	public
同一类	√	√	√	√
同一包中的类		√	√	√
不同包中的子类			√	√
其他包中的类				√

任务 5.3　继承

在生活中，我们所理解的继承更多的是子承父业，即儿子与父亲之间存在继承关系。在程序中，继承描述的是事物之间的所属关系，通过继承可以使多种事物之间形成一种关系体系。例如，食草动物和食肉动物都属于动物，在程序中便描述为食草动物和食肉动物继承自动物类。同理，兔子和羊都属于食草动物，则兔子和羊继承自食草动物，狮子和猎豹都属于食肉动物，则狮子和猎豹都继承自食肉动物，这样，这些动物之间便形成一个继承体系，如图 5-5 所示。

继承是面向对象的三大特征之一，程序中的继承和现实生活中继承的相似之处是保留父辈的一些特性，从而提高代码复用性，减少代码冗余。

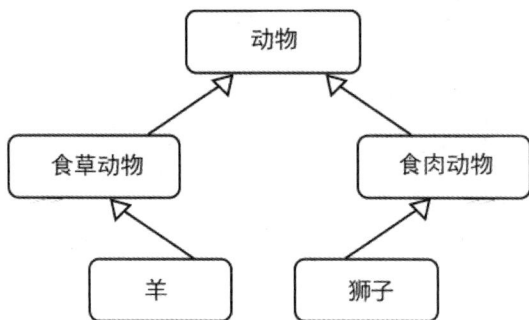

图 5-5　动物继承关系图

5.3.1　继承的概念

在面向对象编程中，我们用类来描述事物，因此继承指的是类与类之间的关系。在已经存在的类的基础上进行扩展，从而产生新的类就是继承。已经存在的类称为父类、基类或超类，而新产生的类称为子类或派生类。子类自动拥有父类所有可继承的属性和方法，其中还可以再增加新的属性和方法。

Java 中子类继承父类的语法格式如下。

微课 5-5

继承与方法重写

```
修饰符 class 子类 extends 父类 {
    // 类的主体
}
```

【例 5-8】继承的使用。

【例题分析】

定义狗类 Dog 继承宠物类 Pet，在测试类中创建 Dog 类对象，理解继承的使用。

【程序实现】

```
class Pet {
    String name;                      // 定义 name 属性
    void eat() {                      // 定义宠物吃东西的方法
        System.out.println(name+"宠物吃东西");
    }
}
class Dog extends Pet {               // 定义 Dog 类继承 Pet 类
    public void printName() {         // 定义一个输出 name 值的方法
        System.out.println("name=" + name);
    }
}
public class Example5_8 {             // 定义测试类
    public static void main(String[] args) {
        Dog dog = new Dog();          // 创建一个 Dog 类的实例对象
        dog.name = "小黑";            // 为 dog 对象的 name 属性赋值
        dog.eat();                    // 调用 dog 对象继承来的 eat() 方法
        dog.printName();              // 调用 dog 对象的 printName() 方法
    }
}
```

【运行结果】

name=小黑
小黑宠物吃东西

从运行结果可以发现，子类在继承父类的时候会自动拥有父类的成员。除了具有从父类继承的内容外，子类 Dog 还具有自己额外定义的 printName() 方法。

可以看到，使用继承可增强代码的复用性，也可提高软件的开发效率。另外，继承让类与类之间产生了关系，为多态提供了前提条件。

在类的继承中需要注意以下问题。

（1）类只支持单继承，不允许多重继承，也就是说，一个类只能有一个直接父类。

（2）在 Java 中，多层继承是可以的，即一个类的子类可以再派生新的子类。

（3）多个类可以继承一个父类。

（4）子类和父类是一种相对概念，也就是说，一个类是某个类的父类的同时，该类也可以是另一个类的子类。

（5）在继承中，子类不能直接访问或者调用父类中的私有成员。

5.3.2 方法的重写

在继承关系中，子类会自动继承父类中定义的方法，但有时父类的功能无法满足子类的需求，因而想要在子类中对这个方法做一定的修改，就需要对父类继承的方法进行重写。

> **注意**　在子类中重写的方法需要和父类中被重写的方法具有相同的方法名、参数列表以及返回值类型。

在【例 5-8】中，Dog 类从 Pet 类继承了 eat()方法，该方法被调用时会输出"宠物吃东西"，这显然不能描述宠物吃的具体食物。例如，狗吃的应该是骨头。为了解决这个问题，可以在 Dog 类中重写父类 Pet 中的 eat()方法，如【例 5-9】所示。

【例 5-9】方法的重写。

【例题分析】

狗类 Dog 继承 Pet 类后对继承的 eat()方法进行重写，在测试类中创建 Dog 类对象，调用 eat()方法。

【程序实现】

```
class Pet {
    void eat() {                    // 定义宠物吃东西的方法
        System.out.println("宠物吃东西");
    }
}
class Dog extends Pet {             // 定义 Dog 类继承 Pet 类
    void eat() {                    // 重写 eat()方法
        System.out.println("狗吃骨头");
    }
}
public class Example5_9 {           // 定义测试类
    public static void main(String[] args) {
        Dog dog = new Dog();       // 创建一个 Dog 类的实例对象
        dog.eat();                 // 调用 dog 对象重写的 eat()方法
    }
}
```

【运行结果】

狗吃骨头

从运行结果可以看出，在调用 Dog 对象的 eat()方法时，只会调用子类重写的方法，并不会调用父类的 eat()方法。

> **注意** 子类在重写父类的方法时，不能使用比父类中被重写的方法更严格的访问权限。例如，父类的方法权限是 default，子类的方法权限就不能是 private，可以是 public、default 或者 protected。

5.3.3 super 关键字

微课 5-6

super 关键字

从【例 5-9】的运行结果可以发现，当子类重写父类的方法后，子类对象将无法访问父类被重写的方法。为了解决这一问题，Java 专门提供了 super 关键字，它可用于在子类中访问父类的成员（属性、方法和构造方法）。

super 关键字的用法如下。

1. super 关键字可以用来在子类中访问父类的成员变量、调用父类成员的方法

【例 5-10】super 关键字的使用。

【例题分析】

Dog 类继承 Pet 类后，对继承的 name 属性以及 eat()方法进行重写，在其 printName()方法中通过 super 关键字访问父类的 name 属性。

【程序实现】

```
class Pet {                         // 定义 Pet 类
    String name = "宠物";           // 定义成员变量 name 并赋值
    void eat() {                    // 定义宠物吃东西的方法
        System.out.println("宠物吃东西");
    }
}
class Dog extends Pet {             // 定义 Dog 类继承 Pet 类
    String name = "犬类";          // 重写父类的成员变量 name
    void eat() {                    // 重写父类的 eat() 方法
        System.out.println("狗吃骨头");
        super.eat();               // 访问父类的 eat() 方法
    }
    void printName() {             // 定义输出 name 值的方法
        System.out.println("name=" +name);              // 访问子类的成员变量 name
        System.out.println("super.name="+super.name);   // 访问父类的成员变量 name
    }
}
public class Example5_10 {          // 定义测试类
    public static void main(String[] args) {
        Dog dog = new Dog();        // 创建一个 Dog 类的对象
        dog.eat();                  // 调用 dog 对象重写的 eat() 方法
        dog.printName();            // 调用 dog 对象的 printName() 方法
    }
}
```

【运行结果】

```
狗吃骨头
宠物吃东西
name=犬类
super.name=宠物
```

2. super()可以用来调用父类的构造方法

由于子类不能继承父类的构造方法，因此要调用父类的构造方法，必须在子类的构造方法的第一行使用 super()来调用，此时会调用父类的构造方法来完成子类对象部分属性的初始化工作。

【例 5-11】通过 super()调用父类的构造方法。

【例题分析】

在子类（狗类 Dog）的构造方法中通过 super()调用父类（宠物类 Pet）的构造方法。

【程序实现】

```
class Pet {                         //定义 Pet 类
    Pet(String name) {              //定义 Pet 类有参的构造方法
        System.out.println("我是一只" + name);
    }
}
class Dog extends Pet {             //定义 Dog 类继承 Pet 类
    Dog() {
        super("沙皮狗");            // 调用父类有参的构造方法
    }
}
```

```
public class Example5_11 {          // 定义测试类
    public static void main(String[] args) {
        Dog dog = new Dog();        // 实例化 Dog 类的对象
    }
}
```

【运行结果】

我是一只沙皮狗

> **注意** 通过 super()调用父类的构造方法的代码必须位于子类的构造方法体的第一行，且只能出现一次。

在【例 5-11】中，如果将"super("沙皮狗");"这一行代码注释掉，程序编译时会报错。这里出错的原因是，在子类的构造方法中一定会调用父类的某个构造方法。可以在子类的构造方法中通过 super()显式指定调用父类的哪个构造方法，如果没有指定，则在子类的构造方法中会自动调用父类无参的构造方法。在上面的代码中，因为定义了有参的构造方法"Pet(String name)"，而没有定义无参的构造方法 Pet()，所以报错。

为了解决上述程序的编译错误，既可以在父类中增加一个无参的构造方法，也可以在子类中显式调用父类已有的构造方法，即将"super("沙皮狗");"这一行代码取消注释。现在对【例 5-11】中的 Pet 类进行修改，如【例 5-12】所示。

【例 5-12】在 Pet 类中定义无参的构造方法。

【例题分析】

在父类 Pet 中定义无参的构造方法，以在子类 Dog 的构造方法中调用它。

【程序实现】

```
class Pet {                         // 定义 Pet 类
    Pet() {                         // 定义 Pet 类无参的构造方法
        System.out.println("我是一只宠物");
    }
    Pet(String name) {              // 定义 Pet 类有参的构造方法
        System.out.println("我是一只" + name);
    }
}
class Dog extends Pet {             // 定义 Dog 类继承 Pet 类
    Dog() {
        //super("沙皮狗");          // 调用父类有参的构造方法
    }
}
public class Example5_12 {          // 定义测试类
    public static void main(String[] args) {
        Dog dog = new Dog();        // 实例化 Dog 类的对象
    }
}
```

【运行结果】

我是一只宠物

因此，在定义一个类时，如果没有特殊需求，则应尽量在类中定义一个无参的构造方法，以避免类被继承时出现错误。

【任务实践 5-5】 卡车与火车的运费

【任务描述】

在物流运输领域，卡车和火车是两种常见的运输方式，卡车适用于短途或小批量的运输，而火车适用于长途或大批量的运输，它们在运费方面也存在一些区别。当我们需要将农产品从农田运送到超市时，需要综合考虑运输距离、货物量、时间要求和成本等因素。通过合理选择运输方式，可以最大限度地降低运费，并确保农产品能够高效地运送到超市，满足消费者的需求。

下面列出了采用卡车和火车运输时不同的计费方式。

卡车：运费=重量×距离×120，当距离大于 1000（km）或者重量大于 60（t）时拒载。

火车：当距离在 900（km）内（包含 900）时，运费=重量×距离×250，大于 900（km）时，运费=重量×距离×300。

【任务分析】

（1）通过任务描述可知，需要定义一个卡车类和一个火车类，卡车类具有属性"重量、距离"，具有方法"计费"，同样，火车类也具有属性"重量、距离"，具有方法"计费"。考虑到这两个类之间的联系以及代码的重用性，可定义一个车类作为这两个类的父类，将这两个类共同具有的属性和方法定义在父类中。

（2）定义子类——卡车类、火车类，在这两个类中分别重写计费的方法。

（3）编写测试类，创建卡车类和火车类对象，调用计费方法。

【任务实现】

① 父类——车类。

```java
public class Car {
    private double weight;
    private double distance;
    ……此处省略构造方法
    public void payMoney() {
        double money = 0;
        System.out.println("收费为: " + money);
    }
    ……此处省略类中的 getter、setter 方法
}
```

② 子类——卡车类。

```java
public class Trunk extends Car {
    public Trunk(double weight, double distance) {
        super(weight, distance);
    }
    @Override
    public void payMoney() {
        double money = 0;
        double myWeight = getWeight();
        double myDistance = getDistance();
        if (myWeight <= 60 && myDistance <= 1000) {
            money = myWeight * myDistance * 120;
            System.out.println("重量为: " + myWeight + "t 距离为: " + myDistance + "km
```

```
卡车的收费为: " + money + "元");
        } else if (myWeight > 60) {
            System.out.println("重量为: " + myWeight + "t 超重了，卡车拒载");
        } else if (myDistance > 1000) {
            System.out.println("距离为: " + myDistance + "km 距离太远，卡车拒载");
        }
    }
}
```

③ 定义子类——火车类，并重写 payMoney()方法。

④ 测试类。

```
public class 任务实践5_5 {
 public static void main(String[] args) {
    Trunk caChe1 = new Trunk(40, 600);
    Trunk caChe2 = new Trunk(80, 100);
    Train huoChe1 = new Train(50, 600);
    caChe1.payMoney();
    caChe2.payMoney();
    huoChe1.payMoney();
 }
}
```

【实现结果】

```
重量为: 40.0t 距离为: 600.0km 卡车的收费为: 2880000.0 元
重量为: 80.0t 超重了，卡车拒载
重量为: 50.0t 距离为: 600.0km 火车的收费为: 7500000.0 元
```

项目分析

本项目使用所学知识编写一个助农超市购物程序。购物时，如果购物者所要购买的农产品在超市中有，则提示购物者买到了某产品；如果该农产品在超市中没有，则提示购物者白跑了一趟，在超市中什么都没有买到。

（1）通过任务描述可知，此程序包含超市、农产品和购物者 3 类对象。既然购物者是去购买农产品，就可以先定义农产品对象，农产品对象需要有名称属性。

（2）由于所有的农产品是在超市中卖的，所以还需要定义一个超市对象。每个超市都有自己的名称和用于存放农产品的仓库。由于仓库中有很多农产品，所以仓库可以用数组表示，超市的主要功能是卖农产品，因此还要有个卖货的方法。

（3）由于购物者是人，所以还需要定义一个 Person 对象，该对象需要有名称属性，还要有一个购物的方法。

（4）编写测试类，在其 main()方法中分别创建对象，实现购物功能。

项目实施

① 农产品类。

```
public class Product {
    // 定义农产品名称
```

```
    private String proName;
    public Product(String proName) {
        this.proName = proName;
        ……此处省略类中 getter、setter 方法
    }
}
```

② 超市类。

```
public class Supermarket {
    // 1.定义超市名称，设置方法
    private String supermaketName;
    ……此处省略类的构造方法以及 getter、setter 方法
    }
private Product[] productArr; // 2.定义货架数组
public Product[] getProductArr() {
    return productArr;
    }
    public void setProductArr(Product[] productArr) {
        this.productArr = productArr;
    }

    Product sell(String name) { // 卖货方法，传入要购买的农产品名称
    for (int i = 0; i < productArr.length; i++) {// 遍历农产品数组
        if (productArr[i].getProductName() == name) {
            return productArr[i];
        }
    }
    return null;
    }
}
```

③ 购物者类。

```
public class Person {
    private String personName; // 1.定义人名
    ……此处省略类的构造方法以及 getter、setter 方法
    Product shopping(Supermarket market, String name) {//购物方法，传入超市和农产品名
    return market.sell(name);// 调用超市类的卖货方法返回结果
    }
}
```

④ 测试类。

```
public class 助农超市购物 {
    public static void main(String[] args) {
    // 1.创建商品对象
    Product p1 = new Product("土豆");
    Product p2 = new Product("玉米");
    Product p3 = new Product("地瓜");
    Product p4 = new Product("花生");
    Product p5 = new Product("大白菜");
    Product p6 = new Product("油菜");
    Product p7 = new Product("菠菜");
    Product p8 = new Product("胡萝卜");
    // 2.创建超市对象
    Supermarket s1 = new Supermarket("家乐福");
    Supermarket s2 = new Supermarket("大润发");
    Supermarket s3 = new Supermarket("沃尔玛");
    s1.setProductArr(new Product[] { p1, p2, p3, p4, p5, p6 });
```

```
        s2.setProductArr(new Product[] { p2, p3, p4, p5, p6, p7 });
        s3.setProductArr(new Product[] { p3, p4, p5, p6, p7, p8 });
        // 3.创建人类对象
        Person per = new Person("小张");
        // 4.实现购物功能
        Product result = per.shopping(s2, "花生");
        // Product result =per.shopping(s3,"土豆");
        if (result == null) {
            System.out.println("Emmmmmm," + per.getPersonName() + " 逛 了 一 圈 " +
s2.getSupermaketName() + "超市，什么也没买到");
        } else {
            System.out.println(per.getPersonName() + "逛了一圈" + s2.getSupermaketName()
+ "超市后，买到了" + result.getProductName());
        }
    }
}
```

运行结果如下。

小张逛了一圈大润发超市后，买到了花生

当前，我国全面推进乡村振兴，而实现全体人民共同富裕任重道远，亟待优秀年轻大学生接过接力棒，加入主战场，在为民服务一线扎扎实实建功立业、造福一方，在急难险重任务中增长本领、磨炼意志、主动担当作为。

项目实训　网上点餐系统

【项目描述】

近年来，随着互联网的不断发展和人们生活方式的变化，外卖点餐等线上消费的规模越来越大，成为餐饮消费的重要形式。本项目要求使用所学知识编写一个基于控制台的网上点餐系统。系统首先显示所有菜品的信息，包括每道菜品的编号、名称、每份的价格。顾客点餐时，根据提示输入菜品编号选购需要的菜品，并根据提示输入购买菜品的份数。购买完毕，输出顾客的订单信息，包括订单号、订单明细、订单总额。

【项目分析】

通过任务描述可知，该系统必须包括 3 个类，类名及属性设置如下。

- 菜品类（Dish）：菜品编号（id）、菜品名称（name）、菜品价格（price）。
- 订单项类（OrderItem）：菜品（dish）、订购份数（num）。
- 订单类（Order）：订单号（orderID）、订单项列表（items）、订单总额（total）。

一个订单中可以包含多个订单项。例如，点餐时，可以选购多种菜品，这些菜品及其数量放在一个订单项里，订单类中还应该定义计算订单总额的方法。

项目实现时，在测试类中首先显示菜品信息，然后顾客点餐，最后输出订单信息。

【项目实现】

① 菜品类 Dish。

```
public class Dish {
    private int id;
    private String name;
    private double price;
    ……此处省略类的构造方法以及 getter、setter 方法
```

```
}
```

② 订单项类 OrderItem。

```
public class OrderItem {
    private Dish dish;
    private int num;
    ……此处省略类的构造方法以及 getter、setter 方法
}
```

③ 订单类 Order。

```
public class Order {
    private String orderId;
    private OrderItem items[];
    private double total;
    ……此处省略类的构造方法以及 getter、setter 方法
    public double getTotal() {// 获取订单总金额
        calTotal();
        return total;
    }
    public void calTotal() {// 计算订单总金额
        double total = 0;
        for (int i = 0; i < items.length; i++) {
            Dishes d = items[i].getDish();
            total += items[i].getNum() * d.getPrice();
        }
        this.total = total;
    }
}
```

④ 测试类。

```
public class 项目实训 {
    public static void main(String[] args) {
        Dish ds[] = new Dish[5];
        // 显示菜品信息
        printDishes(ds);
        // 顾客点餐
        Order order = ordering(ds);
        // 输出订单信息
        printOrder(order);
    }
    public static void printDishes(Dish ds[]) {
        ds[0] = new Dish(1, "鱼香肉丝", 30);
        ds[1] = new Dish(2, "红烧茄子", 20);
        ds[2] = new Dish(3, "爆炒花甲", 25);
        ds[3] = new Dish(4, "糖醋排骨", 40);
        ds[4] = new Dish(5, "凉拌豆皮", 10);
        System.out.println("********菜品列表********");
        System.out.println("菜品编号\t\t 菜品名称\t\t 菜品价格");
        System.out.println("-------------------------------------");
        for (int i = 0; i < ds.length; i++) {
            System.out.println(ds[i].getId() + "\t\t" + ds[i].getName() + "\t\t" +
            ds[i].getPrice());
```

```
        }
        System.out.println("-------------------------------------");
    }
    public static Order ordering(Dish ds[]) {
        Order order = new Order("10001");
        Scanner in = new Scanner(System.in);
        int num = 1000;
        for (int i = 0; i < 3; i++) { // 假定每次顾客点餐时可以点三道菜品
            num = num + 1;
            System.out.println("请输入菜品编号选择菜品: ");
            int cno = in.nextInt();
            System.out.println("请输入购买的份数: ");
            int pnum = in.nextInt();
            OrderItem item = new OrderItem(ds[cno - 1], pnum);
            order.setItem(item, i);
            if (i <= 1)
                System.out.println("请继续点餐。");
        }
        return order;
    }
    public static void printOrder(Order order) {
        System.out.println("********点餐订单********");
        System.out.println("点餐订单号: " + order.getOrderId());
        System.out.println("菜品名称\t\t 购买份数\t\t 每份价格");
        System.out.println("-------------------------------------");
        OrderItem items[] = order.getItems();
        for (int i = 0; i < items.length; i++) {
            Dish d = items[i].getDish();
            System.out.println(d.getName() + "\t\t" + items[i].getNum() + "\t\t" +
            d.getPrice());
        }
        System.out.println("-------------------------------------");
        System.out.println("订单总额: \t\t\t\t" + order.getTotal());
    }
}
```

【实现结果】

```
********菜品列表********
菜品编号        菜品名称        菜品价格
----------------------------------
1          鱼香肉丝        30.0
2          红烧茄子        20.0
3          爆炒花甲        25.0
4          糖醋排骨        40.0
5          凉拌豆皮        10.0
----------------------------------
请输入菜品编号选择菜品:
1
请输入购买的份数:
2
请继续点餐。
```

```
请输入菜品编号选择菜品：
3
请输入购买的份数：
2
请继续点餐。
请输入菜品编号选择菜品：
5
请输入购买的份数：
4
********点餐订单********
点餐订单号：10001
菜品名称        购买份数        每份价格
------------------------------------
鱼香肉丝         2            30.0
爆炒花甲         2            25.0
凉拌豆皮         4            10.0
------------------------------------
订单总额：                    150.0
```

项目小结

　　本项目主要通过助农超市购物程序介绍面向对象的程序设计思想。首先介绍类的定义、对象的创建与使用，然后介绍构造方法、this 关键字、static 关键字以及访问权限修饰符，最后介绍继承的概念、方法的重写以及 super 关键字。在介绍的同时通过 5 个任务实践、一个项目实训实现了面向对象编程的典型应用。读者在学习中要特别注意面向对象的 3 个特征，这是面向对象思想的核心内容。通过本项目的学习，读者应掌握并熟练运用面向对象的编程思想来解决实际问题。本项目的知识点如图 5-6 所示。

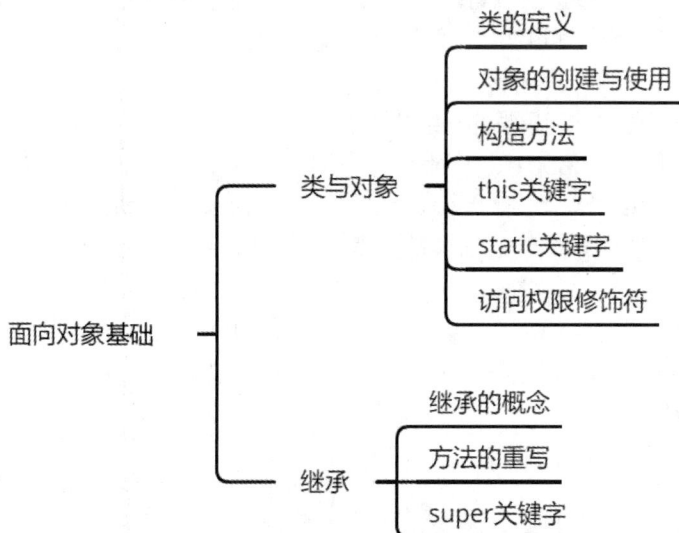

图 5-6　项目 5 的知识点

自我检测

一、选择题

1. 在子类中可以定义一个与父类中的方法名称相同，参数相同，返回值也相同的方法，这叫作方法的（   ）。

　　A. 继承　　　　　　B. 覆盖　　　　　　C. 重写　　　　　　D. 重载

2. 若特快订单是一种订单，则特快订单类和订单类的关系是（   ）。

　　A. 使用关系　　　B. 包含关系　　　C. 继承关系　　　D. 无关系

3. 关键字 super 的作用是（   ）。

　　A. 用来访问父类被隐藏的成员变量　　　B. 用来调用父类中被重载的方法

　　C. 用来调用父类的构造方法　　　　　　D. 以上都是

4. 关于构造方法，下列说法错误的是（   ）。

　　A. 构造方法只能有一个　　　　　　　　B. 构造方法用来初始化该类的一个新对象

　　C. 构造方法具有和类名相同的名称　　　D. 构造方法没有任何返回值类型

5. 在什么情况下，构造方法会被调用？（   ）

　　A. 类定义时　　　　　　　　　　　　　B. 创建对象时

　　C. 调用对象方法时　　　　　　　　　　D. 使用对象的变量时

6. A 类派生出子类 B，B 类派生出子类 C，并且在 Java 源代码中有如下声明。

```
A a0=new A();          // 第1行
A a1=new B();          // 第2行
A a2=new C();          // 第3行
```

以下说法正确的是（   ）。

　　A. 第 1～第 3 行的声明都是正确的

　　B. 第 1～第 3 行都能通过编译，但第 2、第 3 行运行时出错

　　C. 第 1、第 2 行能通过编译，但第 3 行编译出错

　　D. 只有第 1 行能通过编译

7. 用于定义类成员的访问权限的一组关键字是（   ）。

　　A. class、float、double、public　　　B. float、boolean、int、long

　　C. char、extends、float、double　　　D. public、private、protected

8. 在 Java 中，Cat 类是 Animal 类的子类，Cat 类的构造方法中有一句 "super()"，该语句的作用是什么？（   ）

　　A. 调用 Cat 类中定义的 super()方法　　　B. 调用 Animal 类中定义的 super()方法

　　C. 调用 Animal 类的构造方法　　　　　　D. 语法错误

二、阅读程序题

1. 阅读程序，回答下面的问题。

```
class AA{
    public AA(){
        System.out.println("AA");
    }
    public AA(int i){
```

```
        this();
        System.out.println("AAAA");
    }
    public static void main(String args[]){
        BB b=new BB();
    }
}
class BB extends AA{
    public BB(){
        super();
        System.out.println("BB");
    }
    public BB(int i){
        super(i);
        System.out.println("BBBB");
    }
}
```

（1）分析程序的输出结果。

（2）若将 main()方法中的语句改为 B b=new B(10);，则程序的输出结果是什么？

2. 阅读程序，回答下面的问题。

```
class AA{
    double x=1.1;
    double method(){
        return x;
    }
}
class BB extends AA{
    double x=2.2;
    double method(){
        return x;
    }
}
```

（1）类 AA 和类 BB 是什么关系？

（2）类 AA 和类 BB 中都定义了变量 x 和 method()方法，这种情况称为什么？

（3）若定义 BB b=new BB();，则 b.x 和 b.method()的值分别是什么？

三、编程题

1. 定义一个矩形类 Rectangle，类中有两个属性，即 length（长）、width（宽）；一个构造方法 Rectangle(int width, int length)，可以分别给两个属性赋值；一个方法 getArea()，可以求矩形的面积。在测试类中创建一个 Rectangle 对象，计算矩形的面积并输出。

2. 定义一个点类 Point，包含两个成员变量 x、y，分别表示横、纵坐标；包含两个构造方法 Point()和 Point(int x0,y0)；包含一个 movePoint（int dx,int dy）方法，可实现点的位置移动。创建两个 Point 对象 p1、p2，分别调用 movePoint()方法后，输出对象 p1 和 p2 的坐标。

项目6
垃圾分类程序——
面向对象高级

06

情景导入

在当前全球人口不断增长和城市化进程加快的背景下，垃圾管理问题日益凸显。尽管垃圾分类的重要性得到人们的广泛认可，但许多人仍然对如何正确进行垃圾分类感到困惑。张思睿看到身边的同学、老师和家人都面临这个难题。为了解决这个问题，张思睿决定动手编写一个垃圾分类程序，通过模拟垃圾分类来让人们学会正确的垃圾分类方法。

在项目 5 中，我们已经学习了类与对象的概念，使用类和对象可以将相关的数据和功能封装在一起，使代码更加结构化和易于维护。张思睿决定采用面向对象的思想来设计垃圾分类程序。首先，他将不同类型的垃圾定义为不同的类，如废电池类 Battery、废旧书类 OldBook、过期药品类 Medicine 等。然后，他定义了不同的垃圾箱类，比如红色垃圾箱类 RedWasteBin 用于投放有害垃圾，蓝色垃圾箱类 BlueWasteBin 用于投放可回收垃圾。最后，在不同的垃圾箱类中定义 put()方法，表示投放垃圾。

然而，张思睿遇到了一个问题：put()方法的参数应该如何定义？如果在红色垃圾箱类 RedWasteBin 中将 put()方法的参数定义为废电池类 Battery，那么将来只能往里面投放废电池，其他有害垃圾（如过期药品）还能投放进去吗？这个问题让张思睿陷入了深思。在请教了胡老师之后，他得知可以通过 Java 的多态性来解决这个问题。多态性是 Java 的一个重要特性，它使得不同对象能够根据自身的特性对相同的消息做出不同的响应，从而实现更加灵活和高效的程序设计。

接下来，让我们一起来实现这个项目，通过合理的类设计和多态的应用，让垃圾分类程序更加智能和高效。

项目目标

- 掌握抽象类的定义与使用。
- 掌握接口的定义与实现。
- 掌握多态的使用。
- 强化道德规范，培养人与自然和谐共生的理念。

知识储备

任务 6.1 抽象类

在某些情况下，父类只能确定子类应该具备某个方法，但无法具体知道该方法的实现细节，只有在子类中才能确定具体的实现方式。举例来说，在定义父类 Pet 时，eat()方法表示宠物吃东西，所有的宠物子类都有吃东西的行为，但不同种类宠物吃的东西可能不同，因此在 eat()方法无法准确描述宠物吃的是什么东西。在这种情况下，父类的方法中只有方法的声明是有意义的，方法的具体实现则没有意义。为了应对这种情况，Java 允许在定义方法时不写方法体，这种方法称为抽象方法，必须使用 abstract 关键字修饰。具体示例如下。

微课 6-1

抽象类

```
abstract void eat();                // 定义抽象方法 eat()
```

当一个类中包含抽象方法时，该类必须定义为抽象类。抽象类用 abstract 关键字修饰。具体示例如下。

```
abstract class Pet {                // 定义抽象类 Pet
    abstract void eat ();           // 定义抽象方法 eat()
}
```

> **注意** 包含抽象方法的类必须声明为抽象类，但抽象类可以不包含任何抽象方法。另外，抽象类是不可以被实例化的。因为抽象类中有可能包含抽象方法，而抽象方法是没有方法体的，不可以被调用。抽象类存在的意义在于被继承，抽象类中的抽象方法将来在子类中被实现后才可以被调用。

【例 6-1】抽象类 Pet 的应用。

【例题分析】

首先定义一个抽象类 Pet 表示宠物，在类中定义一个抽象方法 eat()，表示宠物吃东西的功能。然后定义 Dog 类继承 Pet 类，重写 eat()方法。在测试类中创建 Dog 类对象并调用其 eat()方法。

【程序实现】

```
abstract class Pet {              // 定义抽象类 Pet
    abstract void eat();          // 定义抽象方法 eat()
}
class Dog extends Pet {           // 定义 Dog 类继承抽象类 Pet
    void eat() {                  // 实现抽象方法 eat()
        System.out.println("狗吃骨头");
    }
}
public class Example6_1 {         // 定义测试类
    public static void main(String[] args) {
        Dog dog = new Dog();      // 创建 Dog 类的实例对象
        dog.eat();                // 调用 dog 对象的 eat()方法
    }
}
```

【运行结果】

狗吃骨头

从运行结果可以看出，子类实现父类的抽象方法后，便可以正常实例化，并通过实例化对象调用方法。

任务 6.2 接口

当一个抽象类中的所有方法都是抽象方法时，可以考虑将这个类定义为接口。接口是一种特殊的类，由常量和抽象方法组成，它是对抽象类更进一步的抽象。接口定义了一种规范或者契约，要求实现类必须实现接口中定义的所有方法，从而实现一种强制约束和规范化的效果。接口的引入可以帮助提高程序的灵活性，降低耦合度，并支持多层继承的特性。

6.2.1 接口的概念

接口是从多个相似类中抽象出来的规范，它不提供任何方法的具体实现过程。接口体现的是规范和实现分离的设计思想。

接口只定义了应当遵循的规范，并不关心这些规范的内部数据和其功能的实现细节，从而分离了规范和实现，增强了系统的可拓展性和可维护性。例如，计算机主板提供了通用串行总线（Universal Serial Bus，USB）插槽，只要有一个遵循了 USB 规范的鼠标，就可以将它插入 USB 插槽，并与主板正常通信，而不必关心制作鼠标的厂商及鼠标的内部结构。如果鼠标坏了，换个鼠标即可。

又如，多年前，不同品牌手机的充电设备均不一样，如果充电设备丢了或者损坏了，往往要买新的，所以当时的万能充电器才流行一时，但其充电效果并不尽如人意，由此带来的问题极大地困扰了手机用户。直到 Android（安卓）操作系统出现，它统一了充电接口规范，这个问题才得到了有效解决。大多数 Android 手机的充电接口是相同的，人们不用再担心充电设备坏了的问题。

因此，接口定义的是多个类共同的行为规范，这些行为是与外部交流的通道，这就意味着接口中通常定义的是一组公用方法。

6.2.2 接口的定义与实现

在定义接口时，需要使用 interface 关键字来声明，其语法格式如下。

```
[public] interface 接口名[extends 接口1,接口2,…] {
    [public] [static] [final] 数据类型 常量名 = 常量值;
    [public] [abstract] 返回值 抽象方法名(参数列表);
}
```

可以看到，编写接口的方式和类很相似，但是它们属于不同的概念。

Java 把接口当作一种特殊的类，每个接口都被编译为一个独立的字节码文件。

微课 6-2

接口

需要说明的是，接口中的变量默认使用"public static final"修饰，表示全局静态常量；接口中定义的方法默认使用"public abstract"修饰，表示全局抽象方法。

由于接口中的方法都是抽象方法，因此不能通过实例化对象的方式来调用接口中的方法。此时需要定义一个类，并使用 implements 关键字实现接口，同时重写接口中所有的抽象方法。一个类可以同时实现多个接口，这些接口在 implements 子句中使用英文逗号隔开。声明接口的实现类的语法格式如下。

```
[<修饰符>] class <类名> [extends <超类名>] [implements<接口 1>,<接口 2>,…]
```

Java 提供接口的目的是克服单继承的限制，一个类只能有一个父类，而一个类可以实现多个接口。

【例 6-2】飞行接口的实现。

【例题分析】

首先定义一个接口 Flyable 表示能飞行，在接口中定义一个抽象方法 fly() 表示飞行。然后定义飞机类 Airplane 实现 Flyable 接口，并重写 fly() 方法；定义鸟类 Bird 实现 Flyable 接口，并重写 fly() 方法。在测试类中分别创建飞机类对象和鸟类对象，调用相应的 fly() 方法。

【程序实现】

```
interface Flyable{                         // 定义一个能飞接口
    void fly();                            // 提供飞行方法
}
class Airplane implements Flyable{         // 定义飞机类实现能飞接口
    public void fly(){                     // 实现飞行方法
        System.out.println("飞机在飞行");
    }
}
class Bird implements Flyable{             // 定义鸟类实现能飞接口
    public void fly(){                     // 实现飞行方法
        System.out.println("鸟在飞行");
    }
}
public class Example6_2 {
    public static void main(String[] args) {
        Airplane a= new Airplane();        // 实例化一个飞机对象a
        a.fly();                           // 调用 a 的 fly() 方法
        Bird b = new Bird ();              // 实例化一个鸟对象b
        b.fly();                           // 调用 b 的 fly() 方法
    }
}
```

【运行结果】

```
飞机在飞行
鸟在飞行
```

从运行结果可以发现，Airplane、Bird 类在实现 Flyable 接口后是可以被实例化的，而且这两个类在被实例化后就可以分别调用各自类中的方法。

在程序中，还可以让一个接口使用 extends 关键字去继承另外一个接口。

【例 6-3】接口之间的继承。

【例题分析】

接口与接口之间是继承关系，AnimalFlyable 接口继承了 Flyable 接口，继承了其包含的 fly() 方法，并新增一个抽象方法 eat()，表示动物吃东西。然后定义鸟类，实现 AnimalFlyable 接口，并重写 fly() 和 eat() 方法。在测试类中创建鸟类对象，分别调用其 fly() 和 eat() 方法。

【程序实现】

```
interface Flyable{                                 // 定义一个能飞接口
    void fly();                                    // 提供飞行方法
```

```
}
interface AnimalFlyable extends Flyable {        // 定义一个动物能飞接口继承能飞接口
    void eat();                                  // 提供吃东西方法
}
class Bird implements AnimalFlyable{              // 定义鸟类实现动物能飞接口
    public void fly(){                           // 实现飞行方法
        System.out.println("鸟在飞行");
    }
    public void eat(){                           // 实现吃东西方法
        System.out.println("鸟吃虫子");
    }
}
public class Example6_3 {
    public static void main(String[] args) {
        Bird b = new Bird ();                    // 实例化一个鸟对象b
        b.fly();                                 // 调用b的fly()方法
        b.eat();                                 // 调用b的eat()方法
    }
}
```

【运行结果】

鸟在飞行
鸟吃虫子

在上面的代码中定义了两个接口。其中，AnimalFlyable 接口继承 Flyable 接口，因此 Animal Flyable 接口包含两个抽象方法 fly()、eat()。当 Bird 类实现 AnimalFlyable 接口时，需要实现这两个抽象方法，然后 Bird 类便可以实例化对象并调用类中的方法了。

使用接口时，需要注意如下问题。

（1）接口中的属性只能是常量，方法只能是抽象方法，接口不能用来实例化对象。

（2）接口中的属性有默认修饰符"public static final"，表示全局静态常量；方法也有默认修饰符"public abstract"，表示全局抽象方法。

（3）一个类在实现接口时，需要重写接口中的所有方法。如果没有重写接口中的全部方法，则这个类需要定义为抽象类。

（4）一个类可以实现多个接口。

（5）一个接口可以通过 extends 关键字继承父接口。

（6）一个类在继承另一个类的同时还可以实现接口，此时，extends 关键字必须位于 implements 关键字前面。例如，下面的 Bird 类在继承 Pet 类的同时实现了 Flyable 接口。

```
class Bird extends Pet implements Flyable {
    ...
}
```

【任务实践 6-1】 组装一台计算机

【任务描述】

自行组装计算机曾一度盛行，而在配置属于自己的个性化计算机之前，需要先了解装配一台完整的计算机所需的部件，主要包括主板、中央处理器（Central Progressing Unit，CPU）、显卡、显示器、电源、机箱、内存、硬盘等。每个部件都有多种选择，有不同品牌、不同厂家以及不同型号等，但不管选择哪一种部件，都可以组装到计算机上。现在编写一个程序，模拟组装一台计算机（为了简化程序，只组装几个部件）。

【任务分析】

（1）由于不同品牌、不同厂家以及不同型号的部件都可以组装到计算机上，因此每个部件都需要定义一个统一的接口规范。本任务分别定义 CPU、硬盘、内存的接口。

（2）分别定义部件类，实现 CPU、硬盘、内存接口，在类中对部件进行具体的定义。例如，在实现 CPU 部件时，可以定义为 Intel 公司或者 AMD 公司的产品，还可以定义不同的主频等。

（3）定义计算机类，分别实例化 CPU、硬盘、内存这些部件对象，并将其组装到计算机上。

【任务实现】

① CPU 接口。

```java
public interface CPU {// 定义 CPU 接口
    String cpuInfo();
}
```

② 内存接口。

```java
public interface Memory { // 定义内存接口
    String memoryInfo();
}
```

③ 硬盘接口。

```java
public interface HardDisk { // 定义硬盘接口
    String hardDiskInfo();
}
```

④ 实例化 CPU。

```java
public class CpuInstance implements CPU { // 实例化 CPU
    @Override
    public String cpuInfo() {
        return "品牌为 Intel，主频为 3.8GHz";
    }
}
```

⑤ 实例化内存。

```java
public class MemoryInstance implements Memory{ // 实例化内存
    @Override
    public String memoryInfo() {
        return "16GB";
    }
}
```

⑥ 实例化硬盘。

```java
public class HardDiskInstance implements HardDisk{ // 实例化硬盘
    @Override
    public String hardDiskInfo() {
        return "1000GB";
    }
}
```

⑦ 组装计算机。

```java
public class Computer { // 组装计算机
```

```
    private CPU cpu = new CpuInstance();
    private HardDisk hd = new HardDiskInstance();
    private Memory me = new MemoryInstance();
    public void print() {
        System.out.println("计算机的信息如下");
        System.out.println("CPU 的信息是: " + cpu.cpuInfo());
        System.out.println("硬盘的容量是: " + hd.hardDiskInfo());
        System.out.println("内存的容量是: " + me.memoryInfo());
    }
}
```

⑧ 测试类。

```
public class ComputerTest {
    public static void main(String[] args) {
        //实例化 Computer 类
        Computer c = new Computer();
        //调用 print 方法
        c.print();
    }
}
```

【运行结果】

```
计算机的信息如下
CPU 的信息是: 品牌为 Intel, 主频为 3.8GHz
硬盘的容量是: 1000GB
内存的容量是: 16GB
```

　　我国计算机产业的起步比美国晚，但是经过一代代科学家的艰苦努力，差距越来越小。2002年 8 月 10 日，我国成功制造出首枚高性能通用 CPU——龙芯 1 号。此后龙芯 2 号、3 号接连问世。2021 年 4 月，龙芯自主指令系统架构（Loongson Architecture）的基础架构通过国内第三方知名知识产权评估机构的评估。龙芯的诞生打破了国外长期的技术垄断，结束了我国无"芯"的历史。

【任务实践 6-2】 USB 接口的实现

【任务描述】

　　一般情况下，计算机大多数配备了 USB 接口，可以通过 USB 接口连接鼠标、键盘、音箱等外部设备。这些设备在计算机启动时也会启动，当计算机关闭时，它们也会随之关闭。只有在鼠标、键盘、麦克风等 USB 接口设备全部启动后，计算机才算成功开机；同样，只有当这些 USB 接口设备全部关闭后，计算机才算成功关机。为了模拟计算机的开机和关机过程，编写一个 USB 接口模拟程序。

微课 6-3

案例 USB 接口
的实现

【任务分析】

　　（1）鼠标、键盘、音箱等 USB 接口设备只有插入计算机的 USB 接口中才能使用，因此定义一个 USB 接口。为了实现设备随着计算机的启动和关闭而启动和关闭的功能，在接口中定义设备启动和关闭的方法。

　　（2）编写鼠标、键盘、音箱等设备的实现类，这些实现类需要遵循 USB 接口的标准，并实现设备的启动和关闭方法。

（3）编写一个计算机类。计算机类包含属性 USB 插槽和安装 USB 接口设备的方法。计算机中只有有了 USB 插槽，才能插入 USB 接口设备。此外，计算机类还定义了开机和关机的方法。

【程序实现】

① USB 接口。

```
public interface USB {              // 定义一个 USB 接口
    void turnOn();                  // 启动方法
    void turnOff();                 // 关闭方法
}
```

② 鼠标类。

```
public class Mouse implements USB {     // 定义鼠标类实现 USB 接口
    public void turnOn() {              // 实现启动方法
        System.out.println("鼠标启动了");
    }
    public void turnOff() {             // 实现关闭方法
        System.out.println("鼠标关闭了");
    }
}
```

③ 同理，定义键盘类、音箱类，分别实现其 turnOn()、turnOff()方法。

④ 计算机类 Computer。

```
public class Computer {                          // 定义计算机类
private USB[] usbArr = new USB[4];               // 计算机上的 USB 插槽

public void add(USB usb) {                       // 向计算机上连接一个 USB 设备
    for (int i = 0; i < usbArr.length; i++) {    // 循环遍历所有 USB 插槽
        if (usbArr[i] == null) {                 // 如果发现一个空的
            usbArr[i] = usb;                     // 将 USB 设备连接在这个 USB 插槽上
            break;
        }
    }
}
public void powerOn() {                          // 计算机的开机功能
    for (int i = 0; i < usbArr.length; i++) {    // 循环遍历所有 USB 插槽
        if (usbArr[i] != null) {                 // 如果其中发现有设备
            usbArr[i].turnOn();                  // 将 USB 设备启动
        }
    }
    System.out.println("计算机开机成功");
}
public void powerOff() {                         // 计算机关机功能
    for (int i = 0; i < usbArr.length; i++) {
        if (usbArr[i] != null) {
            usbArr[i].turnOff();
        }
    }
    System.out.println("计算机关机成功");
}
}
```

⑤ 编写测试类，代码如下。

```java
public class 任务实践 6_2 {
    public static void main(String[] args) {
        Computer c = new Computer();
        //向计算机中添加鼠标、键盘、音箱设备
        Mouse m=new Mouse();
        c.add(m);
        KeyBoard kb=new KeyBoard();
        c.add(kb);
        SoundBox sb=new SoundBox();
        c.add(sb);
        c.powerOn();          //启动计算机
        System.out.println();
        c.powerOff();         //关闭计算机
    }
}
```

【运行结果】

鼠标启动了
键盘启动了
音箱启动了
计算机开机成功

鼠标关闭了
键盘关闭了
音箱关闭了
计算机关机成功

任务 6.3　多态

多态是面向对象编程的一个重要概念。举个例子，假设有一个接口 Animal，包含方法 eat()，然后有不同的类 Dog、Cat、Rabbit 实现了 Animal 接口并分别重写了 eat()方法。当我们调用 eat()方法时，具体执行的是 Dog、Cat 类还是 Rabbit 类中的 eat()方法取决于实际创建的对象。这种灵活性和可扩展性就是多态的体现。

6.3.1　多态的概念

多态性是面向对象编程的主要特征之一，它允许不同的对象对同一个方法做出不同的响应。具体来说，多态可以分为编译时多态（静态多态）和运行时多态（动态多态）。编译时多态是通过方法的重载实现的，即同一个类中可以有多个同名方法，但参数列表不同，编译器根据传入的参数类型和数量来选择调用哪个方法。而运行时多态是通过方法的重写和动态绑定实现的，即在父类中定义的方法被子类重写后，根据实际创建的对象来确定调用哪个方法，实现不同对象对同一消息做出不同响应的特性。

多态性提高了代码的灵活性和可扩展性，减少了对具体对象类型的依赖，使得代码更加通用和易于维护。

6.3.2　静态多态

静态多态也叫编译时多态，是由方法的重载来实现的。

Java 允许在同一个类中定义多个同名方法，它们的形参列表不同。形参列表不同，可以是参数的类型不同、参数的个数不同或者参数的顺序不同。如果同一个类包含两个或两个以上方法名相同但形参列表不同的方法，则称为方法重载（overload）。

微课 6-4

静态多态

例如，在 JDK 的 java.io.PrintStream 中定义了 10 多个同名的 println()方法。

```
public void println(int i){…}
public void println(double d){…}
public void println(String s){…}
……
```

这些方法完成的功能类似，都是格式化输出，可以根据参数的不同类型来区分它们，以进行不同的格式化处理和输出。它们之间就构成了方法的重载。在实际调用时，根据实参的类型来决定调用哪一个方法。

> **注意**　方法重载的要求是，在同一个类中，方法名相同，参数列表不同。至于方法的其他部分，如方法的返回值类型、修饰符等，与方法重载没有任何关系。

【例 6-4】 方法重载的定义和使用。

【例题分析】

在对多个数值进行求和时，参与运算的数值的个数和类型是不固定的，可能是两个 int 型的数值，也可能是 3 个 int 型的数值，或者是两个 double 型的数值等。在这种情况下，就可以使用方法重载来实现数值的求和功能。

【程序实现】

```
public class Example6_4 {
    public static void main(String[] args){
        // 求和方法的调用
        int sum1 = add(1, 2);
        int sum2 = add(1, 2, 3);
        double sum3=add(1.2,2.3);
        // 输出求和的结果
        System.out.println("sum1="+sum1);
        System.out.println("sum2="+sum2);
        System.out.println("sum3="+sum3);
    }
    // 下面的方法实现了两个整数相加
    public static int add (int x, int y){
        return x+y;
    }
    // 下面的方法实现了 3 个整数相加
    public static int add (int x, int y, int z){
        return x+y+z;
    }
```

```
    // 下面的方法实现了两个小数相加
    public static double add (double x, double y){
        return x+y;
    }
}
```

【运行结果】

```
sum1=3
sum2=6
sum3=3.5
```

在上面的代码中定义了 3 个同名的 add()方法，但它们的参数个数或类型不同，从而形成了方法的重载。在 main()方法中调用 add()方法时，通过传入不同的参数便可以确定调用哪个重载的方法，如 add(1,2)调用的是两个整数求和的方法。

另外，类中的构造方法也可以重载，相关例题可参照 5.2.4 小节中的例 5-4。

6.3.3 动态多态

Java 实现动态多态有 3 个必要条件：继承、重写和向上转型。只有满足这 3 个条件，开发人员才能够在同一个继承结构中使用统一的逻辑来处理不同的对象，从而执行不同的行为。

微课 6-5

动态多态

向上转型指的是将子类对象赋给父类引用，或者理解为将子类类型转为父类类型，语法格式如下。

父类 对象名=new 子类对象()

【例 6-5】多态的使用。

【例题分析】

宠物类 Pet 中定义了一个 eat()方法，其子类猫类 Cat、狗类 Dog 重写了 eat()方法，在 eat()方法中各自实现吃东西的行为。在测试类中，首先创建猫类对象并向上转型为 Pet 类型，调用 eat()方法，观察其输出结果。然后创建狗类对象并向上转型为 Pet 类型，调用 eat()方法，观察其输出结果。

【程序实现】

```
class Pet {                          // 定义宠物类 Pet
    void eat(){                      // 定义 eat()方法
        System.out.println("宠物吃东西");
    }
}
class Cat extends Pet {              // 定义 Cat 类继承 Pet 类
    void eat() {                     // 重写 eat()方法
        System.out.println("猫吃鱼");
    }
}
class Dog extends Pet {              // 定义 Dog 类继承 Pet 类
    void eat() {                     // 重写 eat()方法
        System.out.println("狗吃骨头");
    }
}
public class Example6_5 {            // 定义测试类
```

```
    public static void main(String[] args) {
        Pet p = new Cat();              // 创建 Cat 对象，使用 Pet 类型的变量 p 引用
        p.eat();                        // 调用 p 的 eat()方法
        p = new Dog();                  // 创建 Dog 对象，使用 Pet 类型的变量 p 引用
        p.eat();                        // 调用 p 的 eat()方法
    }
}
```

【运行结果】

```
猫吃鱼
狗吃骨头
```

在上面的代码中，Dog 类和 Cat 类继承自 Pet 类，在这两个类中都对 eat()方法进行了重写。在测试类中，"Pet p = new Cat();""p = new Dog();"这两行代码实现了向上转型，分别将子类 Cat、Dog 类型转为父类 Pet 类型，然后通过父类引用调用 eat()方法，程序运行后分别输出"猫吃鱼"和"狗吃骨头"。

多态可以使程序变得更加灵活，可以有效增强程序的可扩展性和可维护性。

> **注意** 在向上转型中，不能通过父类引用去调用子类中新增的成员变量或方法。

【例 6-6】向上转型后不能访问子类新增的成员。

【例题分析】

在【例 6-5】的 Dog 类中新增一个 protectHome()方法，表示看家的行为。在测试类中创建狗类对象并向上转型为 Pet 类型，然后分别调用 eat()方法和 protectHome()方法，观察运行结果。

【程序实现】

```
class Pet {                              // 定义宠物类 Pet
    void eat(){                          // 定义 eat()方法
        System.out.println("宠物吃东西");
    }
}
class Dog extends Pet {                   // 定义 Dog 类继承 Pet 类
    void eat() {                         // 重写 eat()方法
        System.out.println("狗吃骨头");
    }
    void protectHome() {                 // 定义 protectHome()方法
        System.out.println("狗看家……");
    }
}
public class Example6_6 {                 // 定义测试类
    public static void main(String[] args) {
        Pet p = new Dog();               // 创建 Dog 对象，使用 Pet 类型的变量 p 引用
        p.eat();                         // 调用 p 的 eat()方法
        p.protectHome();                 // 调用 p 的 protectHome()方法
    }
}
```

改成上面的代码后，程序编译后会报错，提示"The method protectHome() is undefined for the type Pet"。原因在于，当把 Dog 对象当作父类 Pet 类型使用时，编译器检查发现 Pet 类中没

有定义 protectHome()方法，从而出现错误提示信息。

由于在 Dog 类中定义了 protectHome()方法，通过 Dog 类型的对象调用 protectHome()方法是可行的，因此可以将 Pet 类型的引用强制转回 Dog 类型。修改【例 6-6】中的测试类代码如下。

```
public class Example6_6 {              // 定义测试类
    public static void main(String[] args) {
        Pet p = new Dog();             // 创建 Dog 对象，使用 Pet 类型的变量 p 引用
        p.eat();                       // 调用 p 的 eat()方法
        Dog d=(Dog)p;                  // 将 Pet 对象强制转换为 Dog 类型
        d.protectHome();               // 调用 d 的 protectHome()方法
    }
}
```

【运行结果】

狗吃骨头
狗看家……

在上面的代码中，将 Pet 类型转换回 Dog 类型后，可以成功调用 protectHome()方法，这种将父类类型转回子类类型使用的情况叫作向下转型。

6.3.4　instanceof 运算符

在进行向下转型时，如果机械地进行强制类型转换，可能会出现错误，例如下面的【例 6-7】。

【例 6-7】向下转型时可能出现错误。

【例题分析】

在【例 6-6】的 Cat 类中新增一个方法 sleep()，表示猫睡觉的行为。在测试类中创建猫类对象并向上转型为 Pet 类型，调用 eat()方法，然后将向上转型对象转换成猫类对象，观察运行结果。

【程序实现】

```
class Pet {                           // 定义宠物类 Pet
    void eat(){                       // 定义 eat()方法
        System.out.println("宠物吃东西");
    }
}
class Cat extends Pet {               // 定义 Cat 类继承 Pet 类
    void eat() {                      // 重写 eat()方法
        System.out.println("猫吃鱼");
    }
    void sleep() {                    // 定义 sleep()方法
        System.out.println("猫睡觉……");
    }
}
class Dog extends Pet {               // 定义 Dog 类继承 Pet 类
    void eat() {                      // 重写 eat()方法
        System.out.println("狗吃骨头");
    }
    void protectHome() {              // 定义 protectHome()方法
        System.out.println("狗看家……");
    }
}
public class Example6_7 {             // 定义测试类
```

```
public static void main(String[] args) {
  Pet p = new Dog();              // 创建 Dog 对象, 使用 Pet 类型的变量 p 引用
  p.eat();                        // 调用 p 的 eat()方法
  Cat c = (Cat) p;                // 将 Pet 对象强制转换为 Cat 类型
  c.sleep();                      // 调用 c 的 sleep ()方法
  }
}
```

【运行结果】

运行上面的代码后, 程序报错, 提示 "Dog cannot be cast to Cat", 即 Dog 类型不能转换为 Cat 类型。原因在于之前是把 Dog 类型转换为 Pet 类型, 再转换回去的话只能转换为原来的 Dog 类型, 而不能转换为 Cat 类型。

为了防止出现强制类型转换错误, Java 提供了一个关键字 instanceof。它可以判断一个对象是否为某个类(或接口)的实例, 如果是, 则返回 true, 否则返回 false。其语法格式如下。

对象(或对象引用变量)instanceof 类(或接口)

下面对【例 6-7】中的测试类进行修改, 代码如下。

```
public class Example6_7 {              // 定义测试类
  public static void main(String[] args) {
      Pet p = new Dog();               // 创建 Dog 对象, 使用 Pet 类型的变量 p 引用
      p.eat();                         // 调用 p 的 eat()方法
      if(p instanceof Cat)             // 判断 p 是否为 Cat 类的实例对象
      {
          Cat c=(Cat)p;                // 将 Pet 对象强制转换为 Cat 类型
          c.sleep();                   // 调用 c 的 sleep()方法
      }
  }
}
```

程序可以正常运行, 但没有输出信息, 原因在于判断 p 并不是 Cat 类型的对象, 因此没有发生强制类型转换, 也没有调用 sleep()方法。

【任务实践 6-3】 动物乐园

【任务描述】

动物园中有不同的动物, 每种动物都有自己喜欢的玩具。饲养员在跟动物玩耍时, 会根据动物的喜好给它们提供相应的玩具。每当动物得到自己喜欢的玩具时, 它们会发出特定的声音表示高兴。例如, 饲养员给小狗提供球, 小狗会欢快地汪汪叫; 给小猫提供鱼骨(玩具), 小猫会开心地喵喵叫。本任务要求编写一个程序模拟饲养员给动物提供玩具的过程。

【任务分析】

(1)在这个动物园里, 涉及的对象有饲养员、各种不同动物以及不同的玩具。因此抽象出 3 个饲养员类 Feeder、动物类 Animal 和玩具类 Toy。由于只考虑猫和狗这两类动物, 因此由 Animal 类派生出 Cat 类、Dog 类, 由 Toy 类派生出 Ball 类、Bone 类。

(2)Animal 类需要定义一些属性和方法, 将来由 Cat 类和 Dog 类继承, 因此可将 Animal 类定义为抽象类, 而不能将 Animal 定义为接口, 因为若将其定义为接口, 其内部不能定义成员变量和成员方法。

（3）Toy 类中虽然也有属性和方法，但属性和方法的数量比 Animal 类少，因此将 Toy 定义为接口。

【任务实现】

① 抽象类——动物。

```java
public abstract class Animal {
    private String name;
    public Animal(String name) {
        this.name = name;
    }
    public abstract void shout();           // 动物发出叫声的行为
    public abstract void getToy(Toy t);     // 动物得到了玩具
    ……此处省略类中 getter、setter 方法
}
```

② 动物类子类——狗类。

```java
public class Dog extends Animal {
    public Dog(String name) {
        super(name);                  // 调用父类的构造方法
    }
    @Override
    public void shout() {             // 重写父类的 shout()方法
        System.out.println("汪汪汪……");
    }
    @Override
    public void getToy(Toy t) {       // 重写父类的 getToy()方法
        System.out.print("狗狗: " + getName() + "得到了玩具: " + t.getName() + " ");
        shout();
    }
}
```

③ 同理，定义动物类的子类——猫类，并在猫类中重写父类的 shout()、getToy()方法。

④ 接口——玩具。

```java
public interface Toy {
    public abstract String getName();// 获取玩具的名称
}
```

⑤ 玩具接口的实现类——小球。

```java
public class Ball implements Toy {
    @Override
    public String getName() {// 实现父接口的 getName()方法
        return "小球";
    }
}
```

⑥ 同理，定义玩具接口的实现类——鱼骨。

⑦ 饲养员类。

```java
public class Feeder {
    private String name;
    ……此处省略类的构造方法及 getter、setter 方法
    public void sayHello() {                    // 饲养员打招呼的方法
        System.out.println("欢迎来到动物乐园！");
```

```
        System.out.println("我是饲养员 " + getName());
    }
    public void play(Animal a, Toy t) {        // 饲养员跟动物玩耍的方法
        a.getToy(t);
    }
}
```

⑧ 测试类。

```
public class 任务实践6_3 {
    public static void main(String[] args) {
        Feeder feeder = new Feeder("小华");
        feeder.sayHello();
        Dog dog = new Dog("小黑");
        dog.shout();
        Toy t1 = new Ball();
        feeder.play(dog, t1);   // 将 Dog 类、Ball 类的对象作为参数传入
        Cat cat = new Cat("咪咪");
        cat.shout();
        Toy t2 = new Bone();
        feeder.play(cat, t2);   // 将 Cat 类、Bone 类的对象作为参数传入
    }
}
```

【实现结果】

欢迎来到动物乐园！
我是饲养员 小华
汪汪汪……
狗狗：小黑得到了玩具：小球 汪汪汪……
喵喵喵……
猫猫：咪咪得到了玩具：鱼骨 喵喵喵……

项目分析

本任务使用所学知识编写一个垃圾分类程序。垃圾箱有红、绿、蓝、灰 4 种颜色，分别代表可以投放不同种类的垃圾。红色垃圾箱表示可以投放有害垃圾，如废电池、过期药品等；绿色垃圾箱表示可以投放厨余垃圾，如菜叶、果皮等；蓝色垃圾箱表示可以投放可回收垃圾，如废纸、废塑料等；灰色垃圾箱表示可以投放干垃圾，如烟头、一次性餐具等。当往垃圾箱中投放垃圾时，会先判断垃圾箱是否允许投放该类垃圾，如果能投放，则进行下一步的垃圾处理，如果不能投放，则给出提示。

（1）通过任务描述可知，此程序包含垃圾箱、垃圾这些对象。由于垃圾分成 4 类，因此以可先定义一个抽象的垃圾类，然后分别定义 4 个垃圾子类，垃圾子类也是抽象类，最后分别定义各种具体的垃圾类。

（2）在抽象的垃圾类中可定义名称属性，以及抽象的方法，如如何投放垃圾以及如何处理垃圾。在 4 个垃圾子类中分别实现这两个抽象方法。

（3）在垃圾箱类中定义颜色属性，并定义投放垃圾的方法。当把垃圾投放到垃圾箱时，需要判断当前颜色的垃圾箱是否允许投放这种垃圾，如果允许则进行下一步的处理，如果不允许则给出提示。

（4）编写测试类，在其 main() 方法中创建垃圾箱对象以及垃圾对象，并将垃圾投放到垃圾箱中。

项目实施

① 垃圾类（抽象类）。

```java
//垃圾类
public abstract class Waste {
    public String name;                    // 垃圾名称
    public abstract void howToPut();       // 如何投放垃圾
    public abstract void howToHandle();    // 如何处理垃圾
}
```

② 有害垃圾类（抽象类）。

```java
//有害垃圾类
public abstract class BadWaste extends Waste {
    @Override
    public void howToPut() {          // 实现如何投放垃圾的方法
        System.out.print("【投放要求】: ");
        System.out.println("电池投放请注意轻放; 油漆桶、杀虫剂如有残留请密闭后投放; " + "荧光
灯、节能灯易破损, 请包裹后轻放; 废药品连带包装一并投放");
    }
    @Override
    public void howToHandle() {       // 实现如何处理垃圾的方法
        System.out.print("【处理步骤】: ");
        System.out.print("先将" + this.name + "进行无害化, ");
        System.out.println("再进行后续的垃圾处理操作");
    }
}
```

③ 同理，分别定义干垃圾类（抽象类）DryWaste、厨余垃圾类（抽象类）KitchenWaste、可回收垃圾类（抽象类）ReuseWaste，在类中分别实现 howToPut()、howToHandle() 方法。

④ 废电池类。

```java
package 项目实训.things;
import 项目实训.wastes.BadWaste;
// 废电池类
public class Battery extends BadWaste {
    public Battery(String name) {
        this.name = name;
        System.out.println("发现一些" + name);
    }
}
```

⑤ 同理，分别定义烟头类 CigaretteEnd、废纸类 Paper、菜叶类 VegetableLeaf 等。

⑥ 垃圾桶类。

```java
// 垃圾桶类
public class WasteBin {
    String color;                      // 颜色属性
    public WasteBin(String color) {    // 构造方法
        this.color = color;
        if (color.equals("蓝色"))
```

```
            System.out.println("【生产了一个" + color + "垃圾桶（可投放可回收垃圾）】");
        ……此处省略判断垃圾桶是绿色、红色、灰色
    }
    public void put(Waste w) {            // 投放垃圾的方法
        if (color.equals("蓝色")) {
            if (w instanceof ReuseWaste){
                System.out.println(">>向蓝色垃圾桶放入了可回收垃圾: " + w.name);
                w.howToHandle();
            } else {
                System.out.println(">>" + w.name + "不是可回收垃圾, 不能投放到当前垃圾桶
里! ");
                System.out.println("温馨提醒: 请根据垃圾桶的分类标识正确投放");
            }
        }
        ……此处省略垃圾桶是绿色、红色、灰色的投放垃圾的处理
    }
}
```

⑦ 测试类。

```
public class 垃圾分类 {
    public static void main(String[] args) {
        WasteBin rwb=new WasteBin("红色");
        Battery battery = new Battery("废电池");
        battery.howToPut();
        rwb.put(battery);
        Paper p=new Paper("废纸");
        p.howToPut();
        rwb.put(p);
        VegetableLeaf vl=new VegetableLeaf("菜叶");
        vl.howToPut();
        rwb.put(vl);
        CigaretteEnd ce=new CigaretteEnd("烟头");
        rwb.put(ce);
        WasteBin bwb=new WasteBin("蓝色");
        bwb.put(p);
    }
}
```

项目运行效果如下。

【生产了一个红色垃圾桶（可投放有害垃圾）】
发现一些废电池
【投放要求】: 电池投放请注意轻放; 油漆桶、杀虫剂如有残留请密闭后投放; 荧光灯、节能灯易破损, 请包裹后轻放; 废药品连带包装一并投放
>>向红色垃圾桶放入了有害垃圾: 废电池
【处理步骤】: 先将废电池进行无害化, 再进行后续的垃圾处理操作
发现一些废纸
【投放要求】: 清洁干燥, 避免污染, 废纸尽量平整, 立体包装请清空内容物, 清洁后压扁投放, 有尖锐边角的, 应包裹后投放
>>废纸不是有害垃圾, 不能投放到当前垃圾桶里!
温馨提醒: 请根据垃圾桶的分类标识正确投放

【生产了一个蓝色垃圾桶（可投放可回收垃圾）】
>>向蓝色垃圾桶放入了可回收垃圾：废纸
【处理步骤】：先将废纸垃圾进行预处理，再进行回收利用

项目实训　宠物之家

【项目描述】

本项目实训将设计一款电子宠物系统——宠物之家。在该系统中，用户可以领养自己喜欢的宠物，例如狗、猫、小仓鼠、小兔子等。用户可以为宠物起名字，可以选择宠物性别，还可以给宠物喂食、陪宠物玩耍。

【项目分析】

在宠物之家中有各种各样的宠物，首先定义抽象类 Pet 作为父类，Pet 类中设计封装的属性有昵称（name），方法有自我介绍[introduce()]、吃饭[eat()]。

这里，设计两款宠物（宠物猫和宠物狗）。宠物猫类 Cat 继承 Pet 类后，重写 introduce( ) 方法，再定义自己特有的属性 strain 表示品种，以及特有的方法 rollBall() 表示滚球。宠物狗类 Dog 继承 Pet 类后，重写 introduce() 方法，再定义自己特有的属性 sex 表示性别，以及特有的方法 blowBubbles() 表示吹泡泡。

封装定义领养者类（Owner），其具有姓名（name）属性，以及给宠物喂食[feed()]和陪宠物玩耍[play()]的方法。

在给宠物喂食时，要实现分别给 Cat 类和 Dog 类不同的对象喂食，因此通过多态来解决这个问题，定义 feed(Pet pet) 方法实现为不同的宠物喂食。同理，陪宠物玩耍的方法 play(Pet pet) 也通过多态来实现。

在测试类中定义方法 adopt() 表示领养宠物，定义 operate() 方法表示操作宠物。然后创建一个领养者类对象，调用 adopt() 方法领养宠物，调用 operate() 方法操作宠物。

【项目实现】

① 宠物类。

```
public class Pet {                      // 定义宠物类
  private String name ;                 // 昵称
  ……此处省略类中的构造方法、getter、setter 方法
  public void introduce() {             // 定义 introduce() 方法，输出宠物的信息
      System.out.println("亲爱的主人，我的名字叫" + this.name + "。");
  }
  public void eat(){                    // 定义 eat() 方法，表示宠物吃食
      System.out.println(this.getName()+"吃饱啦！");
  }
}
```

② 宠物猫类。

```
public class Cat extends Pet{           // 定义 Cat 类，继承 Pet 类
  private String strain;                // 品种
  ……此处省略类中的构造方法及 getter、setter 方法
  public void introduce() {             // 重写 Pet 类的 introduce() 方法
      super.introduce();                // 调用父类隐藏的方法
      System.out.println("我是一只纯种的" + this.strain+"。");
```

```
    }
    public void rollBall(){          // 定义滚球方法 rollBall()
        System.out.println(this.getName()+"正在滚球。");
    }
}
```

③ 宠物狗类。

```
public class Dog extends Pet{        // 定义宠物狗类
    private String name;             // 昵称
    private String sex;              // 性别
    ……此处省略类中的构造方法及 getter、setter 方法
    public void introduce() {        // 重写 Pet 类的 introduce()方法
        super.introduce();           // 调用父类隐藏的方法
        System.out.println("我是一只可爱的" + this.sex+"。");
    }
    public void blowBubbles() {      // 定义吹泡泡方法 blowBubbles()
        System.out.println(this.getName()+"正玩吹泡泡。");
    }
}
```

④ 领养者类。

```
public class Owner {                 // 定义领养者类
    private String name;             // 姓名
    public Owner(String name) {
        this.name = name;
    }
    public void feed(Pet pet){       // 定义给宠物喂食方法 feed()
        pet.eat();
    }
    public void play(Pet pet){       // 定义陪宠物玩耍方法 play()
        if(pet instanceof Cat){
            Cat cat=(Cat)pet;
            cat.rollBall();
        }
        else if(pet instanceof Dog){
            Dog dog=(Dog)pet;
            dog.blowBubbles();
        }
    }
}
……此处省略类中的 getter、setter 方法
```

⑤ 测试类。

```
public class 宠物之家 {
    public static void main(String[] args) {
        System.out.println("欢迎您来到宠物之家！");
        System.out.println("**********************");
        Owner owner=new Owner("王小宝");
        Pet pet=adopt();             // 调用领养宠物的方法
        operate(pet,owner);          // 调用操作宠物的方法
    }
    public static Pet adopt(){       // 宠物之家领养宠物的方法
```

```
        System.out.println("请先领养一只宠物: ");
        Scanner input=new Scanner(System.in);
        Pet pet=null;
        // 1.输入宠物名称
        System.out.print("请输入要领养宠物的名字: ");
        String name = input.next();
        // 2.选择宠物类型
        System.out.print("请选择要领养的宠物类型:（1、猫咪 2、狗狗）");
        switch (input.nextInt()) {
        case 1:
            // 2.1、如果是猫咪
            // 2.1.1、选择猫咪品种
            System.out.print("请选择猫咪的品种:(1、波斯猫" + " 2、挪威的森林)");
            String strain = null;
            if (input.nextInt() == 1) {
                strain = "波斯猫";
            } else {
                strain = "挪威的森林";
            }
            // 2.1.2、创建猫咪对象并赋值
            pet = new Cat(name,strain);
            break;
        ……此处省略如果是狗狗的代码
    }
        return pet;
    }
public  static void  operate(Pet pet,Owner owner) { //宠物之家操作宠物的方法
    ……
    do{
        System.out.print("请选择您的操作:(1.查看宠物信息  2.给宠物喂食  3.陪宠物玩
    耍)");
        int operation=input.nextInt();
        if(operation==1)                    // 1.查看宠物信息
            pet.introduce();
        else if (operation==2){             // 2.给宠物喂食
            System.out.println(owner.getName()+"给宠物喂食。");
            owner.feed(pet);
        }else{                              // 3.陪宠物玩耍
            System.out.println(owner.getName()+"陪宠物玩耍。");
            owner.play(pet);
        }
        ……
        }while(!answer.equalsIgnoreCase("yes"));
    }
}
```

【运行结果】

```
欢迎您来到宠物之家!
*********************
请先领养一只宠物:
请输入要领养宠物的名字: 贝贝
```

请选择要领养的宠物类型：（1.猫咪 2.狗狗）1
请选择猫咪的品种：(1.波斯猫 2.挪威的森林)1
请选择您的操作：(1.查看宠物信息　2.给宠物喂食　3.陪宠物玩耍)2
王小宝给宠物喂食。
贝贝吃饱啦！
是否退出宠物之家？(yes/no)yes

项目小结

　　本项目主要介绍了抽象类、接口和多态。首先介绍抽象类的概念、定义及使用，然后介绍接口的概念、特点及使用，最后介绍多态的概念、多态的两种实现方式以及动态多态的 3 个条件和具体的实现方式。在介绍的同时，通过 5 个任务实践、一个项目实训实现了面向对象编程的典型应用。读者应能够深入体会抽象类、接口和多态这些特性在面向对象程序设计中的运用，这是面向对象思想的一个核心内容。通过本项目的学习，读者应掌握并熟练运用抽象类、接口和多态来解决实际问题。本项目的知识点如图 6-1 所示。

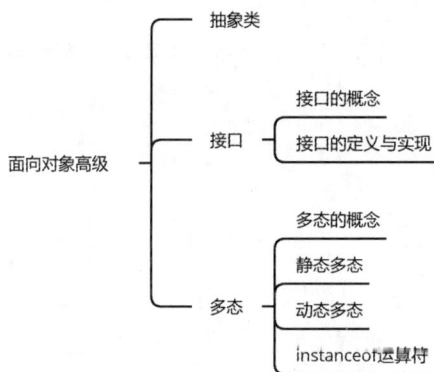

图 6-1　项目 6 的知识点

自我检测

一、选择题

1. 下列程序定义了一个类，关于该类的说法中正确的是（　　　）。

```
abstract class abstractClass{
......
}
```

　　A. 该类能调用 new abstractClass()方法实例化一个对象

　　B. 该类不能被继承

　　C. 该类的方法都不能被重写

　　D. 以上说法都不对

2. 现有类 A 和接口 B，以下描述中表示类 A 实现接口 B 的语句是（　　　）。

　　A. class A implements B　　　　　B. class B implements A

　　C. class A extends B　　　　　　　D. class B extends A

3. 接口的所有成员方法都具有（　　　）属性。

    A. private, final

    B. public, abstract

    C. static, protected

    D. static

4. 如果一个接口为 Cup，有一个方法 private void use()。类 SmallCup 实现接口 Cup，则在类 SmallCup 中正确的语句是（　　　）。

    A. void use() {…}

    B. protected void use() {…}

    C. public void use() {…}

    D. 以上语句都可以用在类 SmallCup 中

二、编程题

1. 创建一个水果类 Fruit，并将它声明为抽象类。在类中定义一个 color 属性表示水果的颜色；定义一个构造方法给 color 属性赋值；再定义一个抽象方法 harvest()表示收获。然后定义两个类 Apple 和 Orange 分别继承 Fruit 类，并在这两个类中分别实现 harvest()方法。在测试类中分别创建这两个类的实例对象，测试调用该方法。

2. 创建一个名为 Vehicle 的接口，在接口中定义两个方法 start()和 stop()。然后分别定义 Bike 和 Bus 类实现 Vehicle 接口，并实现接口中对应的方法。在测试类中创建 Bike 和 Bus 类的实例对象，并调用 start()和 stop()方法。

3. 通过多态实现主人喂养各种宠物。宠物饿了，需要主人喂食。不同宠物吃的东西不一样，主人可以统一喂食。

项目7
异常考试成绩的处理
——异常处理

07

情景导入

在学期结束时，教学管理人员需要对学生的成绩进行统计、分析和处理，以评估学生的学习情况。处理大量成绩数据可能会很烦琐，张思睿想开发一个学生成绩管理系统。然而在测试系统的成绩输入模块时，他发现系统在输入不合法的成绩时会停止运行。为了解决这个问题，他咨询了胡老师，胡老师告诉他异常处理是 Java 编程中的重要技术，用于处理程序可能出现的错误或异常情况。异常处理可以防止程序崩溃或产生不可预测的结果。胡老师建议张思睿学习异常的概念、异常处理方式以及自定义异常类，以便处理系统中可能出现的异常情况。

在程序中加入异常处理，可以确保学生成绩管理系统稳定运行。

接下来让我们一起学习异常吧！

项目目标

- 掌握异常的概念和体系结构。
- 掌握异常的两种处理方式。
- 掌握自定义异常。
- 培养问题解决能力、持续学习和自我提升能力。

知识储备

任务 7.1　异常处理的概念

当程序中出现异常或者错误时，我们借用现有的知识，可能想到用"if（正常）{ 正常代码 }else { 错误代码 }"来控制错误，但这样做非常麻烦。Java 在设计时就考虑到了这个问题，提出了异常处理机制，即使用抛出、捕获机制来解决这样的问题。异常处理是 Java 程序设计中非常重要的部分之一，借用异常处理会让程序更加健壮。

在程序运行过程中可能会出现一些意外情况，如被 0 除、数组索引越界等。这些意外情况会导致程序出错或者崩溃，从而影响程序正常执行。如果不能很好地处理这些意外情况，程序的稳定性就会受到质疑。在 Java 中，这些程序的意外情况称为异常（exception），出现异常时的处理称为异常处理。合理的异常处理可以使整个项目更加稳定，也可以使项目中正常的逻辑代码和错误处理的代码分离，便于代码的阅读和维护。

微课 7-1

什么是异常

【例 7-1】认识访问数组元素时可能遇到的索引越界异常。

【例题分析】

数组 a 中存放了 4 个整数，在遍历访问这些元素时不小心把索引写成 0～4，观察程序运行结果。

【程序实现】

```java
public class Example7_1 {
    public static void main(String[] args) {
        int a[ ] = {5,6,7,8};
        for(int i=0;i<5;i++)
            System.out.println(a[i]);
        System.out.println("程序继续向下执行");
    }
}
```

【运行结果】

```
5
6
7
8
Exception in thread "main" java.lang.ArrayIndexOutOfBoundsException: 4
    at examples. Example7_1.main(T.java:18)
```

从运行结果可以发现，程序发生了数组索引越界异常（ArrayIndexOutOfBoundsException）。由于在遍历数组元素时使用了索引 4，而数组中并没有 a[4]这个元素，因此出现异常。这个异常发生后，程序会立即结束，无法继续向下执行。

Java 以异常类的形式对非正常情况进行封装，上面产生的 ArrayIndexOutOfBoundsException异常只是异常类中的一种，Java 还提供了很多其他的异常类。Java 异常类体系架构如图 7-1所示。

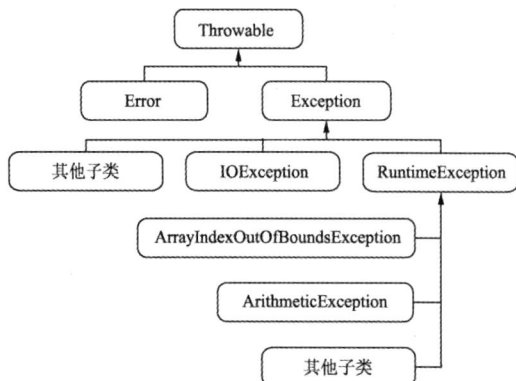

图 7-1 Java 异常类体系架构

如图 7-1 所示，所有异常都继承自 java.lang.Throwable 类，Throwable 类有两个直接子类，即 Error 类和 Exception 类。

Error 类称为错误类，表示严重错误，通常是 Java 虚拟机发生无法恢复的错误。程序员通常不需要直接捕获或处理 Error 错误，因为这类错误通常意味着系统出现了不可逆的问题。例如，使用 java 命令运行一个不存在的类时就会出现 Error 错误。再如 OutOfMemoryError 表示内存不足，StackOverflowError 表示堆栈溢出等。

Exception 类称为异常类，表示程序本身可以处理的错误。在 Java 程序中进行的异常处理都是针对 Exception 类及其子类的。

在 Exception 类的众多子类中有一个特殊的子类——Runtime Exception 类，该类及其子类表示运行时异常。除了此分支，Exception 类下所有其他的子类都用于表示编译时异常。下面分别对这两类异常进行介绍。

1. 编译时异常

编译时异常的特点是 Java 编译器会对其进行检查，如果出现异常，就必须对异常进行处理，否则程序无法通过编译。例如，输入输出异常 IOException、数据库操作相关的异常 SQLException 等，它们表示程序在运行时可能遇到的外部因素导致的问题。处理编译时异常有两种方式，具体如下。

（1）使用 try-catch 语句捕获异常。

（2）用 throws 关键字声明抛出异常，调用者对其进行处理。

2. 运行时异常

运行时异常的特点是 Java 编译器不会对其进行检查。也就是说，当程序中出现这类异常时，即使没有使用 try-catch 语句捕获或使用 throws 关键字声明抛出异常，程序也能编译通过。运行时异常一般是由程序中的逻辑错误引起的。例如，数组索引越界异常 ArrayIndexOutOfBoundsException、算术异常 ArithmeticException、空指针异常 NullPointerException、类型转换异常 ClassCastException 等。对于运行时异常，也可以在编写代码时通过以上两种方式处理，否则程序运行时一旦产生异常，则无法恢复，程序会中断运行。

Java 的异常处理机制为程序提供了"弥补"错误的方式。《左传·宣公二年》有云："人非圣贤，孰能无过，过而能改，善莫大焉。"没有人是完美无缺的，每个人都会犯错误。但是，真正伟大的人是那些能够意识到自己的过错并努力改正的人。改正错误是一种伟大的品质，它能够帮助我们成长、进步，使我们变得更加完善。

任务 7.2　异常处理

在【例 7-1】中由于发生了异常，导致程序立即终止，无法继续向下执行。为了解决这样的问题，Java 提供了一种对异常进行处理的方式——异常捕获。

7.2.1　try-catch 语句和 finally 代码块

异常捕获通过使用 try-catch 语句来实现，具体语法格式如下。

```
try {
    ……    // 可能发生异常的代码块
} catch(ExceptionType e) {
    ……    // 处理代码块
}
```

其中，在 try 代码块中编写可能发生异常的语句，在 catch 代码块中编写针对异常进行处理的代码。当 try 代码块中的程序发生异常时，系统会将这个异常的信息封装成一个异常对象，并将这个对象传递给 catch 代码块进行处理。catch 代码块需要一个参数指明它能接收的异常类型，这个参数的类型必须是 Exception 类或其子类。

【例 7-2】使用 try-catch 语句对【例 7-1】中的异常进行捕获并处理。

【例题分析】

针对【例 7-1】产生的异常，使用 try-catch 语句进行捕获处理。为了让读者充分体会 try-catch 语句的执行流程，在 try 代码块中遍历完数组后输出一个"over"，在整个 try-catch 语句后面输出"程序继续向下执行"，分别测试程序中产生异常以及不产生异常时程序的运行结果。

微课 7-2

try-catch 和 finally

【程序实现】

```java
public class Example7_2 {
    public static void main(String[] args) {
        int a[ ] = {5,6,7,8};
        // 对异常进行捕获处理
        try{
            for(int i=0;i<5;i++)
                System.out.println(a[i]);
            System.out.println("over");
        }catch(ArrayIndexOutOfBoundsException e){
            System.out.println("捕获的异常信息为: "+e.getMessage());
        }
        System.out.println("程序继续向下执行");
    }
}
```

【运行结果】

```
5
6
7
8
捕获的异常信息为: 4
程序继续向下执行
```

在上面的代码中，当 try 代码块中发生数组索引越界异常时，程序会转而执行 catch 代码块中的代码，通过调用异常对象的 getMessage()方法返回异常信息"4"。catch 代码块对异常处理完毕，程序会向下执行 catch 代码块后面的语句。需要注意的是，在 try 代码块中，发生异常的语句后面的代码是不会被执行的。

在程序中，有时候希望有些语句无论程序是否发生异常都要执行，这时可以在 try-catch 语句后加一个 finally 代码块。

【例 7-3】对【例 7-2】的异常处理增加 finally 代码块。

【例题分析】

try-catch 语句还可以增加 finally 代码块，表示不管是否产生异常都要执行的处理。为了让读者充分体会 try-catch-finally 语句的执行流程，在【例 7-2】的基础上增加 finally 代码块，分别测试程序中产生异常以及不产生异常时程序的运行结果。

【程序实现】

```java
public class Example7_3 { // 定义测试类
    public static void main(String[] args) {
        int a[ ] = {5,6,7,8};
        // 对异常进行捕获处理
        try{
            for(int i=0;i<5;i++)
                System.out.println(a[i]);
            System.out.println("over");
        }catch(ArrayIndexOutOfBoundsException e){
            System.out.println("捕获的异常信息为: "+e.getMessage());
            return;        // 用于结束当前方法
        }finally{
            System.out.println("执行 finally 代码块");
        }
        System.out.println("程序继续向下执行");
    }
}
```

【运行结果】

```
5
6
7
8
捕获的异常信息为: 4
执行 finally 代码块
```

在上面的代码中，catch 代码块中增加了一个 return 语句，用于结束当前方法。此时程序最后一行的输出代码就不会执行了，而 finally 代码块中的语句仍然会执行，并不会被 return 语句影响。也就是说，无论程序是否发生异常，还是发生异常后使用 return 语句结束 try-catch 语句，finally 代码块中的语句都会执行。正是由于这种特殊性，在编写程序时，经常会在 try-catch 语句后使用 finally 代码块来执行一些必要的清理工作（如关闭打开的资源）。

7.2.2　throws 关键字

在程序开发中，当调用其他人写的方法时，能否知道其他人写的方法是否会发生异常？这是很难判断的。针对这种情况，Java 允许在方法后面使用 throws 关键字对外声明该方法有可能发生异常，这样调用者在调用方法时，就明确知道该方法有异常，调用时需要根据异常的类型决定是否必须对异常进行处理。例如，编写了一个 divide()方法用于计算两个参数相除的结果，方法中只需要将两个参数相除并把结果返回，但考虑到将来其他人调用这个方法时，如果传递的参数中被除数为 0，则方法的代码会发生异常，而我们在方法内部没有合适的方式来处理异常。鉴于此，我们需要对外声明该方法有可能产生异常，产生异常后，由调用者决定怎么对异常进行处理。

微课 7-3

throws 关键字

方法声明抛出异常的语法格式如下。

```
修饰符 返回值类型 方法名([参数 1,参数 2,…]) throws 异常类型 1[异常类型 2,…]{
}
```

其中，throws 关键字需要写在方法声明后面，throws 后面需要声明方法中发生的异常的类型。

【例 7-4】使用 throws 关键字声明抛出异常。

【例题分析】

定义一个 divide()方法，计算两个数相除的结果，因为除数不能为 0，所以在方法头部通过 throws 关键字声明该方法有可能发生异常（调用者传递的被除数为 0 时），产生异常后将向上级调用方法抛出异常，由调用者对异常进行处理。

【程序实现】

```
public class Example7_4{
    public static void main(String[] args) {
        int res = divide(4, 0);            // 调用 divide()方法
        System.out.println(res);
    }
    // 下面的方法实现了两个整数相除，并使用 throws 关键字声明抛出异常
    public static int divide(int x, int y) throws Exception {
        int result = x / y;               // 定义一个变量 result 记录两个整数相除的结果
        return result;                    // 将结果返回
    }
}
```

程序编译报错，"int result = divide(4, 0);"这一行代码提示"Unhandled exception type Exception"。由于定义 divide()方法时声明抛出了异常，而且异常的类型为 Exception，这是一种编译时异常，必须处理，否则程序编译无法通过。因此，在调用 divide()方法时可以对异常进行捕获处理，方法如下。

【例 7-5】对【例 7-4】中的 divide()方法抛出的异常进行捕获。

【例题分析】

在 main()方法中对 divide()方法抛出的异常通过 try-catch 语句进行捕获处理。

【程序实现】

```
public class Example7_5 {
    public static void main(String[] args) {
        // 下面的代码定义了一个 try-catch 语句，用于捕获异常
        try {
            int res = divide(4, 0);        // 调用 divide()方法
            System.out.println(res);
        } catch (Exception e) {            // 对捕获的异常进行处理
            e.printStackTrace();           // 输出捕获的异常调用栈
        }
    }
    public static int divide(int x, int y) throws Exception {
        int result = x / y;
        return result;
    }
}
```

【运行结果】

```
java.lang.ArithmeticException: / by zero
    at examples.Example7_5.divide(Example7_5.java:15)
    at examples.Example7_5.main(Example7_5.java:7)
```

在上面的代码中，由于使用了 try-catch 语句对 divide()方法抛出的异常进行处理，因此程序编译通过，运行时产生异常，捕获后输出了异常调用栈。

在调用 divide()方法时，如果不知道如何处理声明抛出的异常，也可以使用 throws 关键字继续将异常抛出，表明由上一级的调用者处理该异常，这样程序也能编译通过。但需要注意的是，如果一直没有找到能解决该异常的调用者，最终会由 JVM 处理该异常。JVM 处理异常的方法是输出异常的跟踪栈信息，并且终止程序运行。

【例 7-6】对【例 7-4】中的调用方法 divide()的异常采用另外一种处理方法：让 main()方法继续声明抛出异常。

【例题分析】

在 main()方法中对 divide()方法抛出的异常继续通过 throws 关键字声明并抛出异常。

【程序实现】

```
public class Example7_6 {
    // 使用 throws 关键字声明抛出异常
    public static void main(String[] args) throws Exception {
        int res = divide(4, 0);          // 调用 divide()方法
        System.out.println(res);
    }
    public static int divide(int x, int y) throws Exception {
        int result = x / y;
        return result;
    }
}
```

【运行结果】

```
Exception in thread "main" java.lang.ArithmeticException: / by zero
    at examples.Example7_6.divide(Example7_6.java:11)
    at examples.Example7_6.main(Example7_6.java:6)
```

在上面的代码中，在 main()方法中调用 divide()方法时，对于方法产生的异常 Exception 并没有进行处理，而是继续使用 throws 关键字将其抛出，所以最终异常由 JVM 进行处理并导致程序终止运行。

7.2.3　throw 关键字

JDK 中定义了大量的异常类，虽然这些异常类可以描述编程时出现的大部分异常情况，但是在程序开发中有可能需要描述程序中特有的异常情况。例如，在学生成绩管理系统中，输入的成绩虽然是数字，但不在 0～100 之间，再或者在对一个数求阶乘时，这个数是负数等。为了解决这些问题，Java 允许用户自定义异常类，但自定义异常类必须继承自 Exception 类或其子类。

微课 7-4

throw 关键字

下面的代码自定义了一个异常类。

```
class FushuException extends Exception{     // 自定义异常类继承自 Exception 类
    public FushuException(){
        super();                            // 调用 Exception 类无参的构造方法
    }
    public FushuException(String message){
        super(message);                     // 调用 Exception 类有参的构造方法
    }
}
```

通常，自定义异常类只需继承 Exception 类，在构造方法中使用 super()语句调用 Exception 类的构造方法即可。

自定义异常类后，接下来便可以创建异常对象，然后通过 throw 关键字将异常对象抛出。throw 关键字的语法格式如下。

```
throw ExceptionObject;
```

下面调用 fact()方法对一个数求阶乘，在 fact()方法中判断该数是否为负数，如果为负数，则使用 throw 关键字抛出自定义的 FushuException 异常对象，代码如【例 7-7】所示。

【例 7-7】通过自定义异常，对负数不能求阶乘做出提示。

【例题分析】

负数不能求阶乘，为此自定义一个异常类 FushuException，表示对负数计算阶乘的异常情况进行处理。在测试类中定义一个方法 fact()对参数求阶乘，在方法中先判断该数是否为负数，如果为负数，则使用 throw 关键字抛出自定义的 FushuException 异常对象，否则计算该数的阶乘并返回。在 main()方法中调用 fact()方法对-2 计算阶乘，并对该方法抛出的异常通过 try-catch 语句进行捕获处理

【程序实现】

```
public class Example7_7 {                        // 定义测试类
    public static void main(String[] args) {
        // 下面的代码定义了一个 try-catch 语句, 用于捕获异常
        try {
            int res = fact(-2);                  // 调用 fact()方法对-2 求阶乘
            System.out.println(res);
        } catch (FushuException e) {             // 对捕获到的异常进行处理
            System.out.println(e.getMessage()); // 输出捕获的异常信息
        }
    }
    // fact()方法用于对一个数求阶乘, 并使用 throws 关键字声明抛出异常
    public static int fact(int x) throws FushuException {
        int result=1;
        if(x<0)
            // 使用 throw 关键字声明抛出 FushuException 实例对象
            throw new FushuException("负数不能计算阶乘");
        else
        {
            for(int i=1;i<=x;i++)
                result=result*i;                 // 计算阶乘
        }
        return result;                           // 将计算结果返回
    }
}
```

【运行结果】

负数不能计算阶乘

在上面的代码中，通过 try-catch 语句捕获 fact()方法抛出的异常。在调用 fact()方法时，由于传入的数为负数，所以程序抛出了一个自定义异常 FushuException，该异常被 catch 代码块捕获后处理，输出异常信息。

【任务实践 7-1】 银行余额不足异常

【任务描述】

编写一个程序，完成在银行的取款和存款操作。在取款时，若取款大于余额，则作为异常进行处理。

【任务分析】

（1）通过任务描述可知，需要定义一个自定义异常类 InsufficientFunds 表示账户余额不足。

（2）定义银行类 Bank，类中包括属性 balance 表示余额，方法 doDeposit(int money)表示存款，方法 doWithdraw(int money)表示取款，在方法中需要判断取款的金额 money 是否大于余额 balance，当大于时，手动抛出一个账户余额不足 InsufficientFunds 异常并对异常进行处理。

（3）在测试类中，用户可多次办理业务，每次办理的业务包括存款、取款、查看余额等。

【任务实现】

① 自定义异常类表示账户余额不足。

```java
public class InsufficientFunds extends Exception{
    InsufficientFunds(String msg){
        super(msg);
    }
}
```

② 银行账户类 Bank。

```java
public class Bank {
    private int balance;// 余额
    ……此处省略类中的构造方法及 getter、setter 方法
    // 取钱
    public void doWithdraw(int money) {
        try {
            if (balance < money) {
                InsufficientFunds ie = new InsufficientFunds("余额不足! ");
                throw ie;
            }
            balance -= money;
            System.out.println("您已取款" + money + "元，当前余额为: " + balance);
        } catch (InsufficientFunds e) {
            System.out.println(e.toString());
            return;
        }
    }
    // 存钱
    public void doDeposit(int money) {
        balance += money;
        System.out.println("您已存款" + money + "元，当前余额为: " + balance);
    }
    // 查询余额
    public String getStringBalance() {
        return "您的余额为: " + this.getBalance();
    }
}
```

③ 测试类。

```java
public class 银行余额不足 {
    public static void main(String[] args) {
        boolean flag = true;
        Bank b = new Bank(1000);
        while (flag) {
            Scanner input = new Scanner(System.in);
            System.out.println("请输入您要办理的业务:\n1.存钱\n2.取钱\n3.查询余额\n4.退出");
            int choice = input.nextInt();
            switch (choice) {
                case 1:
                    System.out.print("请输入存款金额: ");
                    int saveMoney=input.nextInt();
                    b.doDeposit(saveMoney);
                    break;
                case 2:
                    System.out.print("请输入取款金额: ");
                    int getMoney=input.nextInt();
                    b.doWithdraw(getMoney);
                    break;
                case 3:
                    System.out.println(b.getStringBalance());
                    break;
                case 4:
                    flag = false;
                    break;
            }
        }
    }
}
```

【实现结果】

请输入您要办理的业务:
1.存钱
2.取钱
3.查询余额
4.退出
3
您的余额为: 1000
请输入您要办理的业务:
1.存钱
2.取钱
3.查询余额
4.退出
1
请输入存款金额: 200
您已存款 200 元，当前余额为: 1200
请输入您要办理的业务:
1.存钱
2.取钱
3.查询余额

```
4.退出
2
请输入取款金额：600
您已取款 600 元，当前余额为：600
请输入您要办理的业务：
1.存钱
2.取钱
3.查询余额
4.退出
2
请输入取款金额：1000
任务实践.pac7_1.InsufficientFunds：余额不足！
```

【任务实践 7-2】 年龄和性别的异常处理

【任务描述】

在 Person 类中，年龄的范围是 1～120 岁，性别只能是男或女。当给年龄和性别赋值时，如果值不符合要求，则需要抛出异常并处理。

【任务分析】

（1）自定义年龄异常类和性别异常类。

（2）Person 类中包含 name、age、sex 这 3 个属性，同时包含这 3 个属性对应的 setter、getter 方法。在 setAge(int age) 方法中，如果参数 age 不在 1～120 之间，则抛出异常并处理。在 setSex(char sex)方法中，如果参数不是'男'或者'女'，则抛出异常并处理。

（3）测试类中创建 Person 对象，分别调用方法给 Person 对象的年龄和性别赋值。

【任务实现】

① 自定义年龄异常类。

```
public class AgeException extends RuntimeException{
    public AgeException(String msg){
        super(msg);
    }
}
```

② 自定义性别异常类。

```
public class GenderException extends Exception {
    public GenderException(String msg) {
        super(msg);
    }
}
```

③ Person 类。

```
public class Person {
    private String name;
    private int age;
    private char gender;
    ……此处省略类中的 getName()、setName()方法
    public int getAge() {
        return age;
```

```
        }
    public void setAge(int age) {
        if (age >= 1 & age <= 120) {
            this.age = age;
        } else {
            try {
                throw new AgeException("年龄不合法! ");
            } catch (AgeException e) {
                System.out.println(e.getMessage());
                e.printStackTrace();
            }
        }
    }
    public char getGender() {
        return gender;
    }
    public void setGender(char gender) {
        if (gender == '男' | gender == '女') {
            this.gender = gender;
        } else {
            try {
                throw new GenderException("性别不合法! ");
            } catch (GenderException e) {
                System.out.println(e.getMessage());
                e.printStackTrace();
            }
        }
    }
}
```

④ 创建测试类。

```
public class 人的年龄和性别异常 {
    public static void main(String[] args) {
        Person p = new Person();
        p.setName("小明");
        p.setAge(18);
        p.setGender('男');
        p.setAge(130);
        p.setGender('不');
    }
}
```

【实现结果】

```
年龄不合法!
任务实践.pac7_2.AgeException: 年龄不合法!
 at 任务实践.pac7_2.Person.setAge(Person.java:25)
 at 任务实践.pac7_2.人的年龄和性别异常.main(人的年龄和性别异常.java:10)
性别不合法!
任务实践.pac7_2.GenderException: 性别不合法!
 at 任务实践.pac7_2.Person.setGender(Person.java:42)
 at 任务实践.pac7_2.人的年龄和性别异常.main(人的年龄和性别异常.java:11)
```

项目分析

本任务使用所学知识处理学生成绩管理系统的成绩输入模块中用户输入的各种不合法成绩的异常，通过异常处理来防止程序崩溃或产生不可预测的结果。

考虑到用户可能输入各种类型的错误数据，在输入时可通过 Scanner 对象的 nextLine()方法读取用户输入的一行内容，然后将其转为 double 型数据。在转换过程中，如果 JVM 抛出 NumberFormatException 异常，则表示用户输入的数据类型错误。例如，用户输入的不是数字字符，或者输入的数字字符中夹杂英文字符，这时输入内容转换成 double 型数据会抛出异常。对于 JVM 抛出的这种异常需要处理。

另外，还需要自定义一个异常类 InvalidScoreException，表示不合法的成绩异常。当输入的成绩不是 0～100 时，手动抛出该异常并处理。

对于前面抛出的异常，可以通过 try-catch 语句捕获，捕获之后给用户相应的提示，同时本次输入的数据无效，需要重新输入。

项目实施

① 异常类。

```java
class InvalidScoreException extends Exception { // 自定义一个异常，类继承自 Exception 类
    InvalidScoreException() {
        super();   // 调用 Exception 类无参的构造方法
    }
    InvalidScoreException(String s) {
        super(s);  // 调用 Exception 类有参的构造方法
    }
}
```

② 测试类。

```java
public class 异常成绩处理 {
    public static void main(String[] args) {
        float scores[]=new float[50];
        for(int i=0;i<scores.length;i++)
        {
            System.out.print("请输入第"+(i+1)+"个学生的成绩: ");
            Scanner sc=new Scanner(System.in);
            String temp=sc.nextLine();
            try {
                float score=Float.parseFloat(temp);// 把输入的成绩转换为 float 类型
                if(score<0||score>100)
                    throw new InvalidScoreException("成绩不在 0～100 之间! ");
            } catch (NumberFormatException e1) {
                System.out.println("输入的成绩类型错误! 请重新输入! ");
                i--;                             // 本次输入的成绩作废，重新输入
            }catch (InvalidScoreException e2) {
                System.out.println(e2.getMessage()+"请重新输入! ");
```

```
                i--;                                    // 本次输入的成绩作废，重新输入
            }
        }
    }
}
```

运行结果如下。

```
请输入第 1 个学生的成绩: 20
请输入第 2 个学生的成绩: cc
输入的成绩类型错误！请重新输入！
请输入第 2 个学生的成绩: 90
请输入第 3 个学生的成绩: -20
成绩不在 0~100 之间！请重新输入！
请输入第 3 个学生的成绩: 80
请输入第 4 个学生的成绩: 78
……
```

项目实训　计算机异常处理的模拟

【项目描述】

在课堂教学中，教师使用计算机进行课件展示和代码演示。然而在教学过程中，教师的计算机可能会遇到各种异常情况，对正常教学造成影响。例如，计算机可能会发生蓝屏问题，需要通过重新启动计算机来解决，以便教师能够继续教学。如果计算机发生冒烟问题，这种情况无法立即解决，只能暂停课堂教学。为了模拟这些情况，可以编写程序来模拟教师在课堂上遇到的计算机异常情况。

【项目分析】

通过任务描述可知，需要自定义蓝屏、计算机冒烟、无法继续上课的异常类。

本项目需要定义计算机类 Computer、教师类 Teacher。计算机首先开机，当运行过程中遇到异常时，针对计算机运行产生的异常分别捕获并处理。当捕获到计算机蓝屏异常时，重启计算机，当捕获到计算机冒烟异常时，抛出一个无法继续上课的异常。

在测试类中分别创建计算机对象和教师对象。教师分 3 天上课，分别测试计算机的 3 种状态。第一天教师上课时，计算机状态正常；第二天上课时，计算机出现蓝屏；第三天上课时，计算机出现冒烟。在程序中捕获无法继续上课的异常并处理。

【项目实现】

① 自定义蓝屏异常类。

```
public class LanPingException extends Exception // 自定义蓝屏异常
{
    LanPingException(String m) {
        super(m);
    }
}
```

② 自定义冒烟异常类。

```
public class MaoYanException extends Exception //自定义计算机冒烟异常
{
```

```
    MaoYanException(String m) {
        super(m);
    }
}
```

③ 自定义无法上课异常类。

```
public class StopClassException extends Exception // 自定义无法上课异常
{
    StopClassException(String m) {
        super(m);
    }
}
```

④ 计算机类 Computer。

```
public class Computer {
    private int state; // 不同的状态
    ……此处省略类中的构造方法及 getter、setter 方法
    public void start() {
        System.out.println("计算机开机");
    }
    public void run() throws LanPingException, MaoYanException {
        if (state == 2) {
            throw new LanPingException("计算机蓝屏了");   // 抛出计算机蓝屏的异常
        }
        if (state == 3) {
            throw new MaoYanException("计算机冒烟了");    // 抛出计算机冒烟的异常
        }
        System.out.println("计算机正常运行");
    }
    public void reStart() {
        System.out.println("计算机重启");
    }
}
```

⑤ 老师类 Teacher。

```
public class Teacher {
    private Computer cmp;
    ……此处省略类中的构造方法及 getter、setter 方法
    public void beginClass() throws StopClassException // 声明该方法会产生异常
    {
        cmp.start();
        try {
            cmp.run();
        } catch (LanPingException e) // 捕获处理蓝屏的异常
        {
            System.out.println("计算机出现蓝屏");
            cmp.reStart(); // 计算机重启解决蓝屏问题
        } catch (MaoYanException e) // 捕获处理计算机冒烟的异常
        {
            System.out.println("计算机出现冒烟");
            // 无法处理这个异常，只能抛出一个停止上课异常
```

175

```
            throw new StopClassException("教师无法上课,因为" + e.getMessage());
        }
        System.out.println("教师上课");// 没有异常，教师就正常上课        }
}
```

⑥ 测试类。

```
public class 老师上课计算机异常 {
 public static void main(String[] args) {
        Computer c = new Computer(1);
        Teacher t = new Teacher(c);
        try {
            System.out.println("第一天");
            t.beginClass();
            System.out.println("第二天");
            c.setState(2);
            t.beginClass();
            System.out.println("第三天");
            c.setState(3);
            t.beginClass();
        } catch (StopClassException e)//捕获处理无法继续上课异常
        {
            System.out.println(e.getMessage());
            System.out.println("同学们开始做练习");
        }
    }
}
```

【实现结果】

```
第一天
计算机开机
计算机正常运行
教师上课
第二天
计算机开机
计算机出现蓝屏
计算机重启
教师上课
第三天
计算机开机
计算机出现冒烟
教师无法上课,因为计算机冒烟了
同学们开始做练习
```

项目小结

本项目主要介绍了异常相关的内容。首先介绍了异常的概念、异常的分类，然后介绍异常的处理机制，最后介绍了自定义异常的使用。在项目的开展中通过两个任务实践、一个项目实训介绍异常处理的典型应用。通过本项目的学习，读者应掌握并熟练运用异常处理来解决程序开发中出现的异常情况。本项目的知识点如图 7-2 所示。

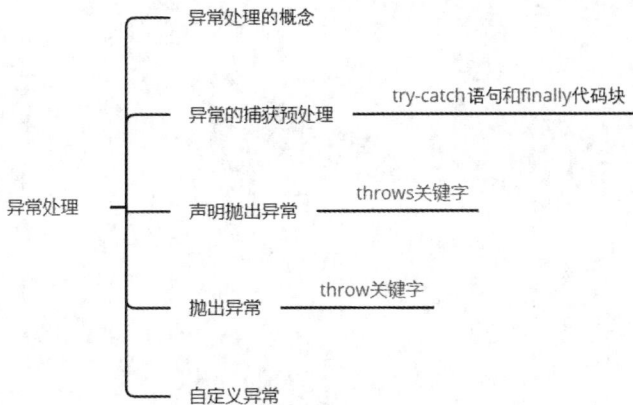

图 7-2　项目 7 的知识点

自我检测

一、选择题

1. 抛出异常时，应该使用的关键字是（　　　）。

　　A．throw　　　　　B．catch　　　　　　C．finally　　　　　　　D．try

2. 对于 try-catch 语句的排列方式，正确的一项是（　　　）。

　　A．子类异常在前，父类异常在后　　　　B．父类异常在前，子类异常在后

　　C．只能有子类异常　　　　　　　　　　D．父类异常与子类异常不能同时出现

3. 对于 try-catch 语句的排列方式，正确的一项是（　　　）。

　　A．try 代码块后必须紧跟 catch 代码块

　　B．catch 代码块无须紧跟在 try 代码块后

　　C．可以有 try 代码块但无 catch 代码块

　　D．try 代码块后必须紧跟 finally 代码块

4. 在异常处理中，将可能抛出异常的方法放在（　　　）代码块中。

　　A．throws　　　　　B．catch　　　　　　C．try　　　　　　　　　D．finally

二、编程题

1. 从键盘输入 5 个整数，放入一个整型数组中，然后输出。要求：如果输入的数据不是整数，要捕获 Integer.parseInt()方法产生的异常，提示"请输入整数"；在输出数组时，如果数组元素的索引不小心写成 5 会产生 ArrayIndexOutofBoundsException 异常，也要捕获该异常，并提示"数组索引越界了"。

2. 编写一个方法 void triangle(int a,int b,int c)，判断 3 个参数是否能构成一个三角形。如果不能构成三角形，则抛出异常 TriangleArgumentException，同时提示"a,b,c 三个数不能构成三角形"；如果能构成三角形，则显示三角形的三边长。在 main()方法中输入三条边的长度并调用该方法进行判断，同时对产生的异常进行捕获并处理。

项目8
年龄计算器——常用 Java API

08

情景导入

张思睿在暑假期间积极投身于社区的志愿服务工作。在协助社区整理人员健康信息时,他注意到一个普遍存在的问题:社区内有大量的老年人,社区工作人员需要定期跟踪其年龄、健康指标等信息,但由于社区人口众多,手动计算年龄成了一项烦琐且耗时的工作。这不仅增加了社区工作人员的工作压力,还影响了健康信息管理的效率。

面对这一问题,张思睿决定编写一个年龄计算器的程序,实现自动计算年龄的功能,以减轻社区工作人员的工作压力,提高健康信息管理的准确性和效率。

张思睿通过查阅资料了解到,在编写 Java 程序时,并不是所有的类和接口都需要自定义,JDK 自带了很多常用的系统类,可以直接使用。其中就有专门的日期时间处理类可以帮助他完成这项工作。

接下来,让我们一起学习常用的 Java API 吧!

项目目标

- 掌握字符串类的使用。
- 掌握随机数的产生方法。
- 了解基本数据类型包装类。
- 掌握日期时间类的应用。
- 强化数据安全意识,提升时间管理能力。

知识储备

任务 8.1 认识 Object 类

微课 8-1

Object 类

Object 类是所有类的父类,任何类都默认继承 Object 类,包括用户自定义的类。在自定义类中可以直接使用 Object 类中的方法,也可以对这些方法进行重写。

Object 类提供了很多方法,下面重点介绍两种常用的方法——toString()和 equals()。toString() 方法可以返回对象的字符串表示,equals()方法可以指示某个其他对象是否与此对象相等。

8.1.1 toString()方法

toString()方法的功能是返回某对象的字符串表示,下面介绍 toString()方法的使用和重写。

1. toString()方法的使用

因为所有的类都默认继承自Object类,而在Object类中定义了toString()方法,所以toString() 方法可以被其他类直接调用,不需要在类中再定义这个方法。toString()方法可以输出对象的基本信息,具体代码如下。

```
getClass().getName() + "@" + Integer.toHexString(hashCode() );
```

其中,getClass().getName()方法可以返回对象所属类的类名;hashCode()方法是 Object 类中定义的一个方法,该方法对对象的内存地址进行哈希运算,返回一个 int 型的哈希值; Integer.toHex String(hashCode())方法表示将对象的哈希值用十六进制表示。

【例 8-1】使用 toString()方法查看 Student 类中 stu 对象的基本信息。

【例题分析】

使用 toString()方法查看对象的基本信息,可以在输出语句中直接使用"对象名.toString()"的形式实现。

【程序实现】

```
class Student{
    String stu_num;
    String stu_name;

    public Student(String stu_num, String stu_name) {
        this.stu_num = stu_num;
        this.stu_name = stu_name;
    }
}
public class Example8_1 {
    public static void main(String[] args) {
        Student stu=new Student("101","张思睿");
        System.out.println(stu);
        System.out.println(stu.toString());
    }
}
```

【运行结果】

```
Example8_1.Student@15db9742
Example8_1.Student@15db9742
```

通过上面的运行结果可以看出,在对 stu 对象进行输出时,两个输出结果是一样的,这是因为输出一个对象,系统会自动调用该对象的 toString()方法。这个方法就是 Student 类从 Object 类默认继承来的,可获得对象的基本信息,但这个基本信息没有太大的实际意义,因此我们需要重写 Object 类提供的 toString()方法。

2. toString()方法的重写

在实际开发中,有时候希望对象的 toString()方法返回特定的信息,这时重写 Object 类的

toString()方法便可以实现。

【例 8-2】在 Student 类中重写 toString()方法，让其返回学生的基本信息"学号：××，姓名：××"。

【例题分析】

使用 toString()方法可以查看对象的基本信息，在类中重写 toString()方法后也可以返回特定的信息。对 toString()方法进行重写并不需要编写继承 Object 类的语句，直接在程序中重写即可。

【程序实现】

```
class Student{
    String stu_num;
    String stu_name;
    public Student(String stu_num, String stu_name) {
        this.stu_num = stu_num;
        this.stu_name = stu_name;
    }
    public String toString(){
        return "学号: "+stu_num+", 姓名: "+stu_name;
    }
}
public class Example8_2 {
    public static void main(String[] args) {
        Student stu=new Student("101","张思睿");
        System.out.println(stu);
    }
}
```

【运行结果】

学号: 101，姓名: 张思睿

从运行结果可以看出，toString()方法被重写以后，可以根据用户的需求返回特定的值。

8.1.2 equals()方法

equals()方法也是 Object 类中常用的方法，它的返回值是布尔型的，通常用来比较某个对象与被比较对象是否相等，如果相等，则返回 true，否则返回 false，代码如下。

```
public boolean equals(Object obj)
```

【例 8-3】在程序中使用 equals()方法比较两个对象是否相等。

【例题分析】

对基本数据类型的数据进行比较可以借助关系运算符"=="实现，但对于引用数据类型的类来说，不能使用"=="判断两个对象是否相等，因此需要使用 equals()方法。

【程序实现】

```
class Student{
    String stu_num;
    String stu_name;
    public Student(String stu_num, String stu_name) {
        this.stu_num = stu_num;
        this.stu_name = stu_name;
    }
}
```

```
public class Example8_3 {

    public static void main(String[] args) {
        Student stu1=new Student("101","张思睿");
        Student stu2=new Student("102","李向前");
        Student stu3=new Student("101","张思睿");
        System.out.println(stu1.equals(stu1));
        System.out.println(stu1.equals(stu2));
        System.out.println(stu1.equals(stu3));
    }
}
```

【运行结果】

```
true
false
false
```

从运行结果可以看出，Student 对象在进行比较时使用了从 Object 类默认继承的 equals()方法。同一对象使用 equals()方法进行比较返回 true；而两个对象即使有相同的属性值，返回的也是 false。因此需要重写 equals()方法来实现对象是否相等的判断，这在任务实践 8-1 中进行介绍。

【任务实践 8-1】 两只完全相同的宠物

在日常生活中，越来越多的人喜欢饲养宠物。当宠物们聚在一起时，我们经常会进行比较，如比较它们的种类、年龄、重量和颜色等。

试着利用学过的知识编写程序来模拟宠物比较，当两只宠物的属性完全相同时，返回 true，否则返回 false。

【任务分析】

首先创建宠物类，在类中定义两个成员变量，分别表示宠物的品种、颜色，在类中重写 equals()方法来比较两个对象是否相等，在类中重写 toString()方法输出对象。以宠物狗为例，生成 3 只狗的对象，对其进行比较，完全相同返回 true，否则返回 false。

【任务实现】

Dog.java:

```
class Dog {
    private String name;
    private String color;

    public Dog(String name, String color) {
        this.name = name;
        this.color = color;
    }
    public String toString() {
        return "狗狗的品种是: " + name + ",颜色是" + color;
    }
    public boolean equals(Object obj) {
        if (this == obj)
            return true;
```

```
        if (obj == null)
            return false;
        if (getClass() != obj.getClass())
            return false;
        Dog other = (Dog) obj;
        if (color == null) {
            if (other.color != null)
                return false;
        } else if (!color.equals(other.color))
            return false;
        if (name == null) {
            if (other.name != null)
                return false;
        } else if (!name.equals(other.name))
            return false;
        return true;
    }
}
```

SamePet.java:

```
public class SamePet {
    public static void main(String[] args) {
        Dog dog1 = new Dog("泰迪", "棕色");
        System.out.println(dog1.toString());
        Dog dog2 = new Dog("吉娃娃", "黄白");
        System.out.println(dog2.toString());
        Dog dog3 = new Dog("泰迪", "棕色");
        System.out.println(dog3.toString());
        System.out.println("检测结果为: " + dog1.equals(dog2));
        System.out.println("检测结果为: " + dog1.equals(dog3));
        System.out.println("检测结果为: " + dog2.equals(dog3));
    }
}
```

【实现结果】

```
狗狗的品种是泰迪，颜色是棕色
狗狗的品种是吉娃娃，颜色是黄白
狗狗的品种是泰迪，颜色是棕色
检测结果为: false
检测结果为: true
检测结果为: false
```

从运行结果可以看出，程序重写了 toString()和 equals()方法，toString()方法的返回信息发生了改变，与默认值不一样；equals()方法也是按照我们设定的判断要求进行比较的。

任务 8.2　认识字符串类

在编写 Java 程序时经常会用到字符串。字符串是指一连串字符，它是由许多单个字符连接而成的，如多个英文字母组成的一个英文单词。字符串中可以包含任意字符，这些字符必须包含在一对英文双引号之内，如"abcde"。

在 Java 中定义了 String 和 StringBuffer 两个类来封装字符串，并提供了一系列操作字符串的方法，它们都位于 java.lang 包中，因此不需要导入包就可以直接使用。本任务对 String 类和 StringBuffer 类进行详细讲解。

8.2.1 String 类

String 类代表字符串，Java 程序中的所有字符串字面值（如"abc"）都作为此类的实例实现。字符串广泛应用在 Java 编程中，Java 提供了 String 类来创建和操作字符串。

微课 8-2

String 类

1. 初始化方式

在操作 String 类之前，首先需要对 String 类进行初始化。在 Java 中可以通过以下两种方式对 String 类进行初始化。

（1）直接初始化

可以使用字符串常量直接初始化一个 String 变量，例如：

```
String str="这是用字符串常量直接初始化的方法";
```

（2）使用构造方法初始化

使用 String 类的构造方法可以初始化 String 对象。String 类的构造方法如表 8-1 所示。

表 8-1 String 类的构造方法

构造方法	功能
String()	创建一个内容为空的字符串
String(String value)	创建一个具有指定内容的字符串
String(char[ ] value)	创建一个内容为字符型数组的字符串

表 8-1 列出了 3 种构造方法，调用不同的构造方法可以完成 String 类的初始化。接下来通过一个例题学习如何使用 String 类进行字符串初始化。

【例 8-4】分别使用 3 种构造方法对 String 类进行初始化。

【例题分析】

表 8-1 中的 3 种构造方法都可以对 String 类进行初始化，注意使用时参数的变化。

【程序实现】

```java
public class Example8_4 {
    public static void main(String[] args) {
        String str1 = new String();
        String str2 = new String("我是带字符串内容的构造方法");
        char[] charArray = new char[] { 'A', 'r', 'r', 'a', 'y' };
        String str3 = new String(charArray);
        System.out.println("下面会出现一个空行，这是 str1 生成的空字符串");
        System.out.println(str1);
        System.out.println(str2);
        System.out.println(str3);
    }
}
```

【运行结果】

下面会出现一个空行，这是 str1 生成的空字符串

我是带字符串内容的构造方法
```
Array
```

2. String 类的常见操作

String 类在实际开发中经常会用到，String 类中常用的方法如表 8-2 所示。

表 8-2　String 类中常用的方法

方法	功能
char charAt(int index)	返回字符串中 index 位置上的字符，其中，index 的取值从 0 开始，到字符串长度-1
int compareTo(String anotherString)	按字典顺序比较两个字符串
int indexOf(String str)	返回指定字符串在字符串中第一次出现位置的索引
int length()	返回字符串的长度
boolean startsWith(String suffix)	返回字符串是否以指定字符串开始
boolean endsWith(String suffix)	返回字符串是否以指定字符串结尾
boolean equals(Object anObject)	将字符串与指定字符串比较
boolean contains(CharSequence cs)	判断字符串中是否包含指定的字符序列（即字符串）
static String valueOf(int i)	返回 int 型参数的字符串表示形式
char[ ] toCharArray()	将字符串转换为字符型数组
String replace(CharSequence oldstr, CharSequence newstr)	将与字面目标序列匹配的字符串的每个子字符串替换为指定的字面替换序列
String replaceAll(String regex, String replacement)	用给定的字符串替换与给定的正则表达式匹配的每个子字符串
String[ ] split(String regex)	根据参数将字符串分割为若干子字符串
String substring(int beginIndex)	返回新字符串，包括从指定的 beginIndex 处开始到字符串末尾的所有字符
String substring(int beginIndex, int endIndex)	返回新字符串，包括从指定的 beginIndex 处开始到 endIndex-1 处的所有字符
String toLowerCase()	使用默认语言环境的规则将此 String 中的所有字符都转换为小写
String toUpperCase()	使用默认语言环境的规则将此 String 中的所有字符都转换为大写
String trim()	返回新字符串，去掉原字符串的首尾空格

在程序中，需要对字符串进行一些基本操作，如获得字符串长度、获得指定位置的字符等。下面通过例题介绍 String 类中常用方法的使用。

【例 8-5】 身份证信息获取：获取用户输入的身份证的长度，提取出生日期，并判断其是否为山东省的身份证号。

【例题分析】

本例题根据身份证号提取信息，可以灵活运用字符串中的操作方法，主要操作包括对字符串长

度的计算、子字符串的提取和对字符串内容的判断。可以获取身份证号的长度，截取其中的出生日期，并判断该身份证号是否以"37"开头，判断其是否输入山东省的身份证号。

【程序实现】

```
public class Example8_5 {
    public static void main(String[] args) {
        String str="370***19751006****";
        String str1="37";
        System.out.println("身份证号长度为: "+str.length());
        System.out.println("出生日期为: "+str.substring(6, 14));
        if(str.startsWith(str1)){
            System.out.println("身份证号对应的省份为山东省");
        }
        else{
            System.out.println("身份证号对应的省份不是山东省");
        }
    }
}
```

【运行结果】

```
身份证号长度为: 18
出生日期为: 19751006
身份证号对应的省份为山东省
```

从运行结果可见，通过 3 个方法成功计算身份证号的长度、提取出生日期、判断字符串是否以"37"开头。

在程序开发中，用户输入数据时经常会有一些错误字符和空格，这时可以使用 String 类的 replace()和 trim()方法分别进行字符串的替换和去除空格操作。接下来通过一个例题学习这两个方法的使用。

【例 8-6】 字符串内容的替换。

【例题分析】

有一个字符串内容为"2023 年的今天是一个特别的日子"，其中的年份需要修改为 2024 年。另外一个字符串的内容为" 我会 终生 难忘 。"，请将其中的空格去除。本程序主要进行内容替换和空格去除，因此要用到 String 类的 replace()和 trim()方法。

【程序实现】

```
public class Example8_6 {
    public static void main(String[] args) {
        String str1 = "2023 年的今天是一个特别的日子";
        String str2 = " 我会 终生 难忘 。 ";
        System.out.println("将 2023 用 2024 替换的结果为: " + str1.replace("2023",
"2024"));
        System.out.println("先去除两端的空格后结果为: " + str2.trim());
        System.out.println("将空格都去除后结果为: " + str2.replace(" ", ""));
    }
}
```

【运行结果】

```
将 2023 用 2024 替换的结果为: 2024 年的今天是一个特别的日子
先去除两端的空格后结果为: 我会 终生 难忘 。
将空格都去除后结果为: 我会终生难忘。
```

【任务实践 8-2】 从身份证号中提取性别

我国的居民身份证号是一个 18 个字符的字符串，其中，第 17 位数字表示性别，奇数表示男性，偶数表示女性。请在程序中定义一个字符串，内容为身份证号，判断该身份证号所有者的性别。

【任务分析】

根据身份证号提取信息，可以灵活运用字符串中的操作方法，主要操作包括对字符串长度的计算、指定位置字符的提取和对字符串内容的判断。

【任务实现】

```java
public class 任务实践8_2 {
    public static void main(String[] args) {
        String str="370***********1023";
        String gender="";
        if(str.length()==18) {
            int genderValue=Integer.parseInt(String.valueOf(str.charAt(16)));
            if(genderValue%2==0)
                gender="女";
            else
                gender="男";
            System.out.print("该身份证号对应的性别为: "+gender);
        }
        else
            System.out.print("该身份证号码不合法");
    }
}
```

【实现结果】

该身份证号对应的性别为: 女

【任务实践 8-3】 模拟用户登录

在使用一些 App 时，通常都需要填写用户名和密码。只有用户名和密码都输入正确才会登录成功，否则会提示用户名或密码错误。

本任务实践要求编写一个程序，模拟用户登录，程序要求如下。

（1）用户名和密码正确，提示"登录成功"。

（2）用户名或密码不正确，提示"用户名或密码错误"。

（3）总共有 3 次登录机会，在 3 次内（包含 3 次）输入正确的用户名和密码后给出登录成功的相应提示。超过 3 次用户名或密码仍有误，则提示登录失败，无法继续登录。

【任务分析】

本程序主要对字符串进行比较，判断其是否一致，如果一致，则返回 true，不一致则返回 false。对用户名和密码的判断可以使用 equals()方法实现，String 类覆盖了 Object 类的 equals()方法，因此可以进行字符串内容的判断。

【任务实现】

```java
import java.util.Scanner;
```

```
public class 任务实践 8_3 {
    public static void main(String[] args) {
        String username = "admin";
        String password = "123";
        for (int i = 0; i < 3; i++) {
            Scanner sc = new Scanner(System.in);
            System.out.println("请输入用户名: ");
            String uname = sc.nextLine();
            System.out.println("请输入用户密码: ");
            String pwd = sc.nextLine();
            if(uname.equals(username)&&pwd.equals(password)) {
                System.out.println("登录成功! ");
                break;
            }else {
                if(2-i == 0) {
                    System.out.println("你的账户被锁定了，请联系管理员!! ");
                }else {
                    System.out.println("登录失败,还有"+(2-i)+"次机会");
                }
            }
        }
    }
}
```

【实现结果】

请输入用户名:
abc
请输入用户密码:
abc
登录失败,还有 2 次机会
请输入用户名:
admin
请输入用户密码:
123
登录成功!

8.2.2　StringBuffer 类

由于字符串代表不可变的字符序列，字符串一旦创建，其内容和长度是不可改变的。如果需要对一个字符串进行修改，则只能创建新的字符串。为了便于对字符串进行修改，JDK 提供了一个 StringBuffer 类（可生成字符串缓冲区）。StringBuffer 类和 String 类最大的区别在于，其对象的内容和长度都是可以改变的。StringBuffer 类类似一个字符容器，当在其中添加或删除字符时，并不会产生新的 StringBuffer 对象。针对添加和删除字符的操作，StringBuffer 类提供了一系列常用的方法，如表 8-3 所示。

微课 8-3

StringBuffer 类

表 8-3　StringBuffer 类常用的方法

方法	功能
StringBuffer append(char c)	在 StringBuffer 对象末尾添加字符串

方法	功能
StringBuffer insert(int offset,String str)	在 offset 位置处插入字符串 str
StringBuffer deleteCharAt(int index)	删除指定位置的字符
StringBuffer delete(int start, int end)	删除指定范围的字符或字符串
StringBuffer replace(int start, int end, String s)	在 StringBuffer 对象中替换指定的字符或字符串
void setCharAt(int index, char ch)	修改指定位置的字符
String toString()	返回字符串缓冲区中的字符串
StringBuffer reverse()	字符串翻转

【例 8-7】使用 StringBuffer 类的方法对字符串进行添加、删除和修改。

【例题分析】

本程序使用 StringBuffer 类生成一个字符串缓冲区，然后使用 append()、insert()、delete() 等方法对字符串进行操作。

【程序实现】

```java
public class Example8_7 {
    public static void main(String[] args) {
        System.out.println("1. 添加------------------------");
        add();
        System.out.println("2. 删除------------------------");
        remove();
        System.out.println("3.修改------------------------");
        alter();
    }
    public static void add() {
        StringBuffer strbuf = new StringBuffer();
        strbuf.append("今天心情不错");
        System.out.println("append()添加结果: " + strbuf);
        strbuf.insert(2, "我真的");
        System.out.println("insert()添加结果: " + strbuf);
    }
    public static void remove() {
        StringBuffer strbuf = new StringBuffer("我们要好好学习");
        strbuf.delete(1, 5);
        System.out.println("删除指定位置字符的结果: " + strbuf);
        strbuf.deleteCharAt(2);
        System.out.println("删除指定位置字符的结果: " + strbuf);
        strbuf.delete(0, strbuf.length());
        System.out.println("清空字符串缓冲区的结果: " + strbuf);
    }
    public static void alter() {
        StringBuffer strbuf = new StringBuffer("你要永远快乐");
        strbuf.setCharAt(1, '会');
        System.out.println("修改指定位置字符的结果: " + strbuf);
        strbuf.replace(1, 4, "一定会");
```

```
            System.out.println("替换指定位置字符（串）的结果: " + strbuf);
            System.out.println("字符串翻转的结果: " + strbuf.reverse());
        }
    }
```

【运行结果】

```
1. 添加------------------------
append()添加结果: 今天心情不错
insert()添加结果: 今天我真的心情不错
2. 删除------------------------
删除指定位置字符的结果: 我学习
删除指定位置字符的结果: 我学
清空字符串缓冲区的结果:
3. 修改------------------------
修改指定位置字符的结果: 你会永远快乐
替换指定位置字符（串）的结果: 你一定会快乐
字符串翻转的结果: 乐快会定一你
```

StringBuffer 类和 String 类有很多相似之处，在使用时很容易混淆。接下来对这两个类进行对比，简单归纳两者的不同。

（1）String 类表示的字符串是常量，一旦创建后，内容和长度都是无法改变的。而 StringBuffer 类表示字符容器，其对象的内容和长度可以随时修改。

（2）String 类覆盖了 Object 类的 equals()方法，而 StringBuffer 类没有覆盖 Object 类的 equals()方法。

（3）String 对象可以用操作符 "+" 连接，而 StringBuffer 对象则不能。

【任务实践 8-4】 名字脱敏

随着计算机与互联网技术的快速发展，姓名、身份证号、手机号等个人隐私信息被泄露的风险也越来越大。数据脱敏是指对敏感信息进行变形处理，比如用****替换实现数据脱敏。请编写程序，接收一个姓名，若姓名为两个字，则将第二个字用*替代；若姓名为 3 个字或 3 个字以上，则将除姓和最后一个字以外的字用*替代。

【任务分析】

根据姓名的长度，如果姓名为两个字，则提取姓名的第一个字，第二个字用*代替；如果姓名为 3 个字或 3 个字以上，则提取姓名的第一个字和最后一个字，中间的字用*代替。

【任务实现】

```java
import java.util.Scanner;

public class 任务实践8_4 {
    public static void main(String[] args) {
        Scanner scanner=new Scanner(System.in);
        System.out.print("请输入姓名: ");
        String realname=scanner.next();
        String sensitivename;
        if(realname.length()==2)
            sensitivename=realname.charAt(0)+"*";
```

```
        else if(realname.length()>=3) {
            sensitivename=realname.substring(0, 1);
            for(int index=1;index<realname.length()-1;index++)
                sensitivename+="*";
            sensitivename+=realname.charAt(realname.length()-1);
        }
        else
            sensitivename=realname;
        System.out.print(sensitivename);
    }
}
```

【实现结果】

请输入姓名：张卫国
张*国

任务 8.3 掌握随机数的产生

8.3.1 Math 类

微课 8-4

Math 类

Math 类是数学操作类，提供了一系列用于数学运算的静态方法，包括求绝对值、随机函数、求最值等的方法。Math 类常用的方法如表 8-4 所示。

表 8-4 Math 类常用的方法

方法	方法的功能
abs(double a)	计算 a 的绝对值
sqrt(double a)	计算 a 的平方根
ceil(double a)	计算大于等于 a 的最小整数，并将该整数转换为 double 型数据
floor(double a)	计算小于等于 a 的最大整数，并将该整数转换为 double
round(double a)	计算小数 a 经过四舍五入后的值
max(double a,double b)	返回 a 和 b 的较大值
min(double a,double b)	返回 a 和 b 的较小值
random()	用于生成大于 0.0、小于 1.0 的随机数（包括 0 但不包括 1）
pow(double a,double b)	计算 a 的 b 次方，即 a^b 的值

【例 8-8】 Math 类的常用方法举例。

【例题分析】

本程序要用 Math 类的方法进行一些数学运算。

【程序实现】

```
public class Example8_8 {
    public static void main(String[] args) {
        System.out.println("计算绝对值的结果: " + Math.abs(-10));
        System.out.println("对小数进行四舍五入后的结果: " + Math.round(5.8));
```

```
        System.out.println("求两个数的较大值: " + Math.max(20, 11));
        System.out.println("求两个数的较小值: " + Math.min(21, -21));
        System.out.println("生成一个大于等于 0.0 但小于 1.0 的随机值: " + Math.random());
        System.out.println("求大于参数的最小整数: " + Math.ceil(4.3));
        System.out.println("求小于参数的最大整数: " + Math.floor(-3.8));
    }
}
```

【运行结果】

计算绝对值的结果: 10
对小数进行四舍五入后的结果: 6
求两个数的较大值: 20
求两个数的较小值: -21
生成一个大于等于 0.0 但小于 1.0 的随机值: 0.755031247836597
求大于参数的最小整数: 5.0
求小于参数的最大整数: -4.0

从运行结果可以看到，对于一些常见运算的实现，使用 Math 类的方法非常方便，因此掌握 Math 类的方法可以大大提高程序编写的效率。

【任务实践 8-5】 生成验证码

请编写程序，生成 4 位验证码，验证码由数字、小写英文字母、大写英文字母随机组合而成。

【任务分析】

先构造组成验证码的数据源，然后从数据源中随机选取 4 个字符拼接即可得到验证码。

【任务实现】

```
public class 任务实践8_5 {
    public static void main(String[] args) {
        String src = "ABCDEFGHIJKLMNOPQRSTabcdefghijklmnopqrstuvwxyz0123456789";
        String scode="";
        for (int i = 0; i < 4; i++) {
                int index = (int)(Math.random()*src.length());
                scode+=String.valueOf(src.charAt(index));
        }
        System.out.println("生成的验证码为: " + scode);
    }
}
```

【实现结果】

生成的验证码为: 361T

8.3.2 Random 类

Math 类中有 random()方法，但它只能产生 0.0～1.0 的随机数，而 Random 类中有更多实现随机数的方法。接下来我们就一起来学习 Random 类。

在 JDK 的 java.util 包中有一个 Random 类，它可以在指定的取值范围内随机产生数字。Random 类提供了两个构造方法，如表 8-5 所示。

微课 8-5

Random 类

表 8-5　Random 类的构造方法

构造方法	功能
Random()	创建一个新的随机数生成器
Random(long seed)	使用一个 long 型的种子创建随机数生成器

其中，第一个构造方法是无参的，通过它创建的 Random 实例对象每次使用的种子是随机的，因此每个对象产生的随机数不同。如果希望创建多个 Random 实例对象产生相同的随机数序列，则需要在创建对象时调用第二个构造方法，传入相同的种子即可。

Random 类提供了很多方法来生成随机数，其常用方法如表 8-6 所示。

表 8-6　Random 类的常用方法

方法	功能
double nextDouble()	随机生成 double 型的随机数
float nextFloat()	随机生成 float 型的随机数
int nextInt()	随机生成 int 型的随机数
int nextInt(int n)	随机生成一个[0,n) 的 int 型的随机数

表 8-6 列出了 Random 类的常用方法，其中，nextDouble()方法返回的是 0.0～1.0 的 double 型的值，nextFloat()方法返回的是 0.0～1.0 的 float 型的值，nextInt(int n)方法返回的是 0（包括）和指定值 n（不包括）之间的值。

下面通过几个例题来学习 Random 类的使用。

【例 8-9】生成 15 个[0,100)的随机数。

【例题分析】

本程序要用 Random 类生成随机数，注意在程序中要导入 Random 类，并要使用生成随机整数的 nextInt()方法。

【程序实现】

```java
import java.util.Random;
public class Example8_9 {
    public static void main(String[] args) {
        Random r = new Random(); // 不传入种子
        // 随机产生15 个[0,100)的整数
        for (int x = 0; x < 15; x++) {
            System.out.print(r.nextInt(100)+" ");
        }
    }
}
```

【运行结果】

第一次运行结果：62 25 8 16 18 16 12 46 35 66 63 15 27 70 54
第二次运行结果：84 33 91 79 91 24 13 20 32 97 73 97 4 92 53

从运行结果可以看到，程序两次运行产生的随机数序列是不一样的。这是因为在创建 Random 实例对象时没有指定种子，系统以当前时间戳为种子产生随机数。下面向产生随机数的语句中传入

种子。

【例 8-10】传入种子，生成 15 个[0,100)的随机数，查看两次的运行结果，观察其变化。

【例题分析】

本程序要用 Random 类生成随机数，在生成 Random 类的对象时传入种子，使用第二种构造方法。

【程序实现】

```
import java.util.Random;
public class Example8_10 {
    public static void main(String[] args) {
        Random r = new Random(10); // 传入种子
        // 随机产生15个[0,100)的整数
        for (int x = 0; x < 15; x++) {
            System.out.print(r.nextInt(100)+" ");
        }
    }
}
```

【运行结果】

```
第一次运行结果: 13 80 93 90 46 56 97 88 81 14 23 99 91 8 95
第二次运行结果: 13 80 93 90 46 56 97 88 81 14 23 99 91 8 95
```

从运行结果可以看出，在创建 Random 对象时指定了相同的种子，产生的随机数序列是一样的。

【任务实践 8-6】 抽取幸运观众

编写一个抽取幸运观众的程序，能够在所有观众的姓名中随机抽中一名观众的姓名。本任务实践要求实现 3 个功能：存储所有观众的姓名、总览全部观众的姓名和随机抽取其中一名观众的姓名。比如存储了张三、李四和王五这 3 名观众，存完以后可以看到这 3 人的姓名，并会在这 3 人中选取一人作为幸运观众，并输出该观众的姓名。至此，抽取幸运观众程序成功实现。

【任务分析】

首先需要确定使用什么机制存储观众姓名。如果使用变量，则需要定义的变量较多，所以这里选择使用数组。需要存储多少个观众姓名，就创建长度为多少的数组，然后通过键盘输入观众的姓名，输入完成后对数组进行遍历，总览所有观众的姓名，最后通过随机形式抽取其中一名幸运观众。

【任务实现】

```
import java.util.Random;

public class 任务实践8_6 {
    // 总览所有观众姓名
    public static void printViewerName(String[] viewers) {
        for (int i = 0; i < viewers.length; i++) {
            System.out.print(viewers[i]+" ");
        }
    }

    // 随机抽取其中一人
```

```java
public static String randomViewerName(String[] viewers) {
    int index = new Random().nextInt(viewers.length);
    String name = viewers[index];
    return name;
}

public static void main(String[] args) {
    System.out.println("--------抽取幸运观众--------");
    // 创建一个可以存储多个观众姓名的数组
    String[] viewers = {"李明","王华","张强","","赵前","丁瑞","马航","孙梅"};
    System.out.println("观众名单如下: ");
    printViewerName(viewers);
    String randomName = randomViewerName(viewers);
    System.out.println("\n抽取的幸运观众是:" + randomName);
}
```

【实现结果】

--------抽取幸运观众--------
观众名单如下：
李明 王华 张强   赵前 丁瑞 马航 孙梅
抽取的幸运观众是：李明

任务 8.4 　认识基本数据类型包装类

微课 8-6

基本数据类型
包装类

在 Java 中，很多类的方法都需要接收引用数据类型的对象，此时无法将一个基本数据类型的值传入。为了解决这个问题，JDK 提供了一系列的包装类，通过这些包装类可以将基本数据类型的值包装为引用数据类型的对象。在 Java 中，每种基本数据类型都有对应的包装类，如表 8-7 所示。

表 8-7　基本数据类型的包装类

基本数据类型	包装类	基本数据类型	包装类
boolean	Boolean	short	Short
byte	Byte	long	Long
char	Character	float	Float
int	Integer	double	Double

其中，除了 Character 和 Integer 类，其他包装类的名称和基本数据类型的名称一致，只是类名的第一个字母需要大写。

包装类和基本数据类型在转换时，引入了装箱和拆箱的概念。其中，装箱是指将基本数据类型的值转换为引用数据类型的对象，拆箱是指将引用数据类型的对象转换为基本数据类型的值。

【例 8-11】 装箱与拆箱演示。

【例题分析】

本例要求使用装箱、拆箱操作，在基本数据类型和引用数据类型之间转换。

【程序实现】

```
public class Example8_11 {
    public static void main(String[] args) {
        int a=20;
        //装箱，将使用基本数据类型定义的变量a作为参数，被装为 Integer 类型
        Integer b=new Integer(a);
        System.out.println(b.toString());
        int c;
        //拆箱，b是被包装起来的，通过 intValue()方法返回 int 型的值
        c=b.intValue();
        int d=a+c;
        System.out.println(d);
    }
}
```

【运行结果】

```
20
40
```

从运行结果可以看到，将 int 型的变量 a 作为参数传入，从而转换成了 Integer 类型的对象并输出。对于 Integer 类型的变量 b，这里使用 intValue()方法将 b 转换成 int 型，即拆箱。拆箱完成后将其值赋给 c，计算 d 的值并输出。

除了 intValue()方法，Integer 类还有很多其他方法，如 valueOf()方法可以根据 String 类型的参数创建包装类对象。读者可以查阅 Java API 官方文档学习更多的包装类及其方法。

另外，在使用包装类时需要注意以下几个问题。

（1）包装类都重写了 Object 类中的 toString()方法，以字符串的形式返回被包装的基本数据类型的值。比如：

```
String s = new Integer("666").toString();
```

（2）除了 Character 类，包装类都有 valueOf(String s)方法，可以根据 String 类型的参数创建包装类对象，但参数字符串 s 不能为 null，而且必须可以解析为对应基本数据类型的数据，否则程序虽然编译通过，但运行时会报错。比如：

```
Integer inte1 = Integer.valueOf("");        // 错误，不能为空
Integer inte 2= Integer.valueOf("12a");      // 错误，不能解析为对应类型
```

（3）除了 Character 类，包装类都有 parseXxx(String s)的静态方法，将字符串转换为对应的基本数据类型的数据。参数字符串 s 不能为 null，而且同样必须可以解析为对应基本数据类型的数据，否则程序虽然编译通过，但运行时会报错。具体示例如下。

```
int inte1 = Integer.parseInt("123");         // 正确
Integer inte2 = Integer.parseInt("itcast");  // 错误，不能解析为对应类型
```

任务 8.5 日期时间类

8.5.1 LocalDate 类

LocalDate 是 Java 8 引入的日期类之一，位于 java.time 包中，它仅用来表示日期，不能表示时间和时区信息。LocalDate 类提供了两个获取日期对象的方法，即 now()和 of(int year,int month,int dayOfMonth)方法。其用法如下。

微课 8-7

LocalDate 类

```
// 获取当前日期
LocalDate current=LocalDate.now();
// 获取指定日期
LocalDate date=LocalDate.of(2024,3,15);
```

此外，LocalDate 类还提供了日期格式化、增减年月日等一系列方法，如表 8-8 所示。

表 8-8　LocalDate 类的常用方法

方法	功能
getYear()	获取年份字段
getMonth()	使用 Month 枚举获取月份字段
getMonthValue()	获取月份字段，值为 1~12
getDayOfMonth()	获取当月第几天
getDayOfWeek()	获取周几的信息
lengthOfMonth()	获取当月天数
format(DateTimeFormatter formatter)	使用指定的格式化程序格式化日期
isLeapYear()	检查年份是否为闰年
parse(CharSequence text)	从一个文本字符串中获取 LocalDate 类的实例
parse(CharSequence text,DateTimeFormatter formatter)	使用特定的日期格式从文本字符串获取 LocalDateTime 实例
plusYears(long yearsToAdd)	增加指定年份
plusMonths(long monthsToAdd)	增加指定月数
plusDays(long daysToAdd)	增加指定日数
minusYears(long yearsToSubstract)	减少指定年份
minusMonths(long monthsToSubstract)	减少指定月份
minusDays(long daysToSubstract)	减少指定日数

表 8-8 列出了 LocalDate 类的一系列常用方法，下面通过一个例题来学习这些方法的使用。

【例 8-12】日期的获取与操作。

【例题分析】

本例用 LocalDate 类中的方法进行一些对日期的操作。

【程序实现】

```
pimport java.time.LocalDate;
public class Example8_12 {
    public static void main(String[] args) {
        // 创建当前日期
        LocalDate today = LocalDate.now();
        System.out.println("今天的日期是: " + today);

        // 创建特定日期
        LocalDate specificDate = LocalDate.of(2023, 3, 15);
        System.out.println("特定的日期是: " + specificDate);

        // 获取年份、月份和日
        int year = specificDate.getYear();
```

```
        int month = specificDate.getMonthValue();
        int day = specificDate.getDayOfMonth();
        System.out.println("年份: " + year + ", 月份: " + month + ", 日: " + day);

        // 日期操作: 加一天
        LocalDate tomorrow = specificDate.plusDays(1);
        System.out.println("明天是: " + tomorrow);

        // 日期操作: 减一个月
        LocalDate lastMonth = specificDate.minusMonths(1);
        System.out.println("上个月同一天是: " + lastMonth);
    }
}
```

【运行结果】

```
今天的日期是: 2024-05-31
特定的日期是: 2023-03-15
年份: 2023, 月份: 3, 日: 15
明天是: 2023-03-16
上个月同一天是: 2023-02-15
```

从运行结果可以看到，对于一些常见的日期计算问题，使用 LocalDate 类的方法非常方便，因此掌握 LocalDate 类的方法可以大大提高程序编写的效率。

8.5.2　LocalTime 类

LocalTime 类用来表示时间，主要包括小时、分钟、秒、纳秒这 4 个属性。与 LocalDate 类相同，该类不能表示时间线上的即时信息，只是时间的描述。LocalTime 类提供了获取时间对象、时间格式化、增减时分秒等常用方法，帮助用户更加简便地操作时间对象，这些方法与 LocalDate 类对应的方法类似，这里不再详细列举。下面通过一个例题来学习 LocalTime 类的方法。

微课 8-8

LocalTime 类

【例 8-13】时间的获取与操作。

【例题分析】

本例用 LocalTime 类中的方法进行一些对时间的操作。

【程序实现】

```
import java.time.LocalTime;
public class Example8_13 {
    public static void main(String[] args) {
        // 创建当前时间
        LocalTime now = LocalTime.now();
        System.out.println("当前时间是: " + now);

        // 创建特定时间
        LocalTime specificTime = LocalTime.of(14, 30, 45); // 14:30:45
        System.out.println("特定时间是: " + specificTime);

        // 获取小时、分钟和秒
        int hour = specificTime.getHour();
        int minute = specificTime.getMinute();
```

```
        int second = specificTime.getSecond();
        System.out.println("小时: " + hour + ", 分钟: " + minute + ", 秒: " + second);

        // 时间操作: 加一小时
        LocalTime oneHourLater = specificTime.plusHours(1);
        System.out.println("一小时后是: " + oneHourLater);

        // 时间操作: 减 10 分钟
        LocalTime tenMinutesAgo = specificTime.minusMinutes(10);
        System.out.println("10 分钟前是: " + tenMinutesAgo);
    }
}
```

【运行结果】

```
当前时间是: 09:22:31.700
特定时间是: 14:30:45
小时: 14, 分钟: 30, 秒: 45
一小时后是: 15:30:45
10 分钟前是: 14:20:45
```

8.5.3 LocalDateTime 类

LocalDateTime 类是 LocalDate 类与 LocalTime 类的结合，它既包含日期，又包含时间，LocalDateTime 类中包含 LocalDate 类与 LocalTime 类的方法。

需要注意的是，LocalDateTime 类默认的格式是 2024-05-01T17:30:26.744，这可能与人们经常使用的格式不太相符，所以它经常与 DateTimeFormatter 类一起使用指定格式。除了 LocalDate 与 LocalTime 类中的方法，LocalDateTime 类还额外提供了转换方法。下面通过一个例题来学习 LocalDateTime 类中特有的方法。

【例 8-14】 日期时间的获取与操作。

【例题分析】

本例用 LocalDateTime 类中的方法进行一些数学运算。

【程序实现】

```
pimport java.time.LocalTime;
public class Example8_14 {
    public static void main(String[] args) {
        // 创建当前日期和时间
        LocalDateTime now = LocalDateTime.now();
        System.out.println("当前日期和时间是: " + now);

        // 创建特定日期和时间
        LocalDateTime specificDateTime = LocalDateTime.of(2023, 3, 15, 14, 30, 45);
        // 2023-03-15 14:30:45
        System.out.println("特定日期和时间是: " + specificDateTime);

        // 获取年、月、日、时、分、秒
        int year = specificDateTime.getYear();
        int month = specificDateTime.getMonthValue();
        int day = specificDateTime.getDayOfMonth();
```

```
        int hour = specificDateTime.getHour();
        int minute = specificDateTime.getMinute();
        int second = specificDateTime.getSecond();
        System.out.println("年: " + year + ", 月: " + month + ", 日: " + day + ", 时:
" + hour + ", 分: " + minute + ", 秒: " + second);

        // 日期时间操作: 加一天
        LocalDateTime oneDayLater = specificDateTime.plusDays(1);
        System.out.println("一天后是: " + oneDayLater);

        // 日期时间操作: 减一小时
        LocalDateTime oneHourAgo = specificDateTime.minusHours(1);
        System.out.println("一小时前是: " + oneHourAgo);
    }
}
```

【运行结果】

```
当前日期和时间是: 2024-05-31T17:04:26.871
特定日期和时间是: 2023-03-15T14:30:45
年: 2023, 月: 3, 日: 15, 时: 14, 分: 30, 秒: 45
一天后是: 2023-03-16T14:30:45
一小时前是: 2023-03-15T13:30:45
```

【任务实践 8-7】 计算 2 月天数

2 月是一个有趣的月份，平年的 2 月有 28 天，闰年的 2 月有 29 天。请编写一个程序，从键盘输入年份，根据输入的年份计算这一年的 2 月有多少天。在计算 2 月的天数时，可以使用日期时间类的相关方法实现。

【任务分析】

根据用户输入的年份信息，获取该年 2 月 1 日的 LocalDate 对象，并利用 LocalDate 类的 lengthOfMonth()方法获取该月的天数。

【任务实现】

```
import java.time.LocalDate;
import java.util.Scanner;
public class 任务实践 8_7 {
    public static void main(String[] args) {
        Scanner sc=new Scanner(System.in);
        System.out.print("请输入年份: ");
        int year=sc.nextInt();
        LocalDate date=LocalDate.of(year, 2, 1);
        int days=date.lengthOfMonth();
        System.out.print(year+"年的 2 月有"+days+"天");
    }
}
```

【实现结果】

```
请输入年份: 2024
2024 年的 2 月有 29 天
```

【任务实践 8-8】 国庆倒计时

编写程序，计算从现在到 2025 年国庆节的倒计时，显示格式包括天、时、分。

【任务分析】

借助 LocalDateTime 类分别表示当前时间和国庆节时间，为了计算两个时间的间隔，我们借助 Duration 类进行。Duration 类表示时间段，通常用于计算两个时间点之间的时间差。该类包含的方法：toDays()方法获取时间差的天数，d.toHours()方法获取时间差的小时数，toMinutes()方法获取时间差的分钟数，经过简单的计算即可实现。

【任务实现】

```java
import java.time.Duration;
import java.time.LocalDateTime;

public class 任务实践8_8 {
  public static void main(String[] args) {
      LocalDateTime now = LocalDateTime.now();
      LocalDateTime to = LocalDateTime.of(2025, 10, 1, 0, 0);
      Duration d = Duration.between(now, to);
      long days = d.toDays();
      long hours = d.toHours() % 24;
      long minutes = d.toMinutes() % 60;
    System.out.println("国庆倒计时: " + days + "天 " + hours + "小时 " + minutes + "分钟");
  }
}
```

【实现结果】

国庆倒计时：480 天 13 小时 50 分钟

项目分析

根据用户输入的生日信息，获取生日的 LocalDate 对象，并创建当前的 LocalDate 对象。为了获取两个时间的差值，我们借助 Period 类进行。Period 类是用于表示日期之间的时间段的类。它主要用于处理日期级别的时间差，如相差几年、几个月、几天等。前面使用的 Duration 类主要处理小时级别或更高精度的时间差。

项目实施

```java
import java.time.LocalDate;
import java.time.Period;
import java.util.Scanner;

public class 年龄计算器 {
  public static void main(String[] args) {
      Scanner sc=new Scanner(System.in);
      System.out.print("请输入您的出生日期（格式为 YYYY-MM-DD）: ");
```

```
        String birthStr=sc.nextLine();
        LocalDate birth=LocalDate.parse(birthStr);
        LocalDate now = LocalDate.now();
        Period p = Period.between(birth, now);
        int years = p.getYears();
        int months = p.getMonths();
        int days = p.getDays();
        System.out.println("您的年龄: "+years+"岁"+months+"月"+days+"天");
    }
}
```

程序运行结果如下。

请输入您的出生日期（格式为 YYYY-MM-DD）: 2005-01-01
您的年龄: 19 岁 5 月 6 天

项目实训 《红楼梦》中人物出现次数的统计

【项目描述】

《红楼梦》是我国古代章回体长篇小说，也是我国古典四大名著之一，还是举世公认的我国古典小说巅峰之作之一。本案例的数据为基于《红楼梦》的一个片段，请编写程序，统计黛玉、宝玉和宝钗的名字出现的次数。

片段如下：宝钗是何等老谋深算，宝玉、黛玉说话想讨便宜，哪里是宝钗的对手。"凤姐于这些上虽不通达，但只见他三人形景，便知其意"，说什么只是形式，观颜察色，知微见著才是功夫，这是王熙凤的强项。宝玉在宝钗处讨了没趣，黛玉非但不体谅，最后还要再打趣，硬是把个宝玉逼到墙角。黛玉这样的说话习惯不好。

【项目分析】

这个案例需要先定义整串和子串。要查找子串在整串中出现的次数，可以先使用 String 类的 contains()方法，判断整串中是否包含子串，如果不包含，那么不用计算；如果包含，则先记录子串在整串中第一次出现的索引。获取索引之后，再在整串中该索引加上子串长度位置处继续寻找，以此类推，通过循环完成查找，直到找不到子串为止。对于本题，子串就是"黛玉"、"宝玉"和"宝钗"。

【项目实现】

```
public class StringTest {
    public static void main(String[] args) {
        String str = "宝钗是何等老谋深算，宝玉、黛玉说话想讨便宜，" + "哪里是宝钗的对手。"凤姐虽不通达，但只见他三人形景，便知其意"，" + "说什么只是形式，观颜察色，知微见著才是功夫，这是王熙凤的强项。"+"宝玉在宝钗处讨了没趣，黛玉非但不体谅，最后还要再打趣，硬是把个宝玉" + "逼到墙角。黛玉这样的说话习惯不好";// 整串
        String key1 = "黛玉";// 子串
        String key2 = "宝玉";// 子串
        String key3 = "宝钗";// 子串
        int count1 = getKeyStringCount(str, key1);
        System.out.println("黛玉出现的次数为: " + count1);
        int count2 = getKeyStringCount(str, key2);
        System.out.println("宝玉出现的次数为: " + count2);
        int count3 = getKeyStringCount(str, key3);
        System.out.println("宝钗出现的次数为: " + count3);
    }
```

```
/**
 * 获取子串在整串中出现的次数
 */
public static int getKeyStringCount(String str, String key) {
    // 定义计数器，记录出现的次数
    int count = 0;
    // 如果整串中不包含子串，则直接返回 count
    if (!str.contains(key)) {
        return count;
    }
    // 定义变量记录 key 出现的位置
    int index = 0;
    while ((index = str.indexOf(key)) != -1) {
        str = str.substring(index + key.length());
        count++;
    }
    return count;
}
```

【实现结果】

黛玉出现的次数为：3
宝玉出现的次数为：3
宝钗出现的次数为：3

项目小结

本项目主要介绍了 Java 中常用的 API。通过本项目任务的完成，我们学习了 String 类、StringBuffer 类、产生随机数的 Random 类以及基本数据类型的包装类和日期时间类。通过本项目的学习，读者应掌握这些 API 的使用，让程序编写变得更加方便、快捷。本项目的知识点如图 8-1 所示。

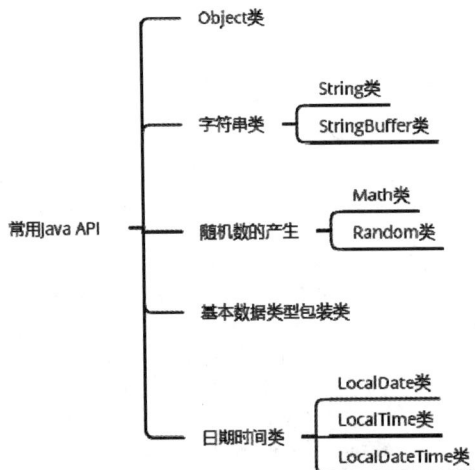

图8-1 项目8的知识点

自我检测

一、选择题

1. 在下面的代码中，哪个选项返回 true？（　　　）

```
String s="hello";
String t="hello";
char c[]={'h','e','l','l','o'};
```

    A. t.equals(c)   B. s.equals(t)

    C. s.compareTo(t)   D. t==c

2. 如果 s 代表一个字符串，参看下列代码。

```
String str = "";
for(int i=s.length()-1;i>=0;i--){
    str = str + s.charAt(i);
}
```

执行这段代码后，str 的状态是（　　　）。

    A. 把字符串 s 翻转过来   B. 与字符串 s 相同

    C. 字符串 s 的长度加倍   D. 编译错误

3. 执行以下语句后，s1 的值为（　　　）。

```
StringBuffer s1=new StringBuffer("student");
s1.insert(3,"java");
```

    A. studentjava   B. stujavadent

    C. stjavaudent   D. stujava

4. Random 对象能够生成以下哪种类型的随机数？（　　　）

    A. int   B. String

    C. double   D. A 和 C 选项都对

5. String、StringBuffer 类都是（　　　）关键字修饰的类，都不能被继承。

    A. static   B. abstract   C. final   D. private

6. 语句"Hello".equals("hello");的执行结果是（　　　）。

    A. true   B. false   C. 0   D. 1

7. 执行语句 StringBuffer s1=new StringBuffer("abc"); s1.insert(1,"efg");，则（　　　）。

    A. s1="efgabc"   B. s1="abefg"

    C. s1="abcefg"   D. s1="aefgbc"

8. toLowerCase()方法将字符串转换为（　　　）。

    A. 大写字母   B. 小写字母   C. 大写数字   D. 小写数字

9. 在 Java 中，想要创建一个表示 2023 年 10 月 23 日的 LocalDate 对象，应该使用哪个方法？（　　　）

    A. LocalDate.of(2023, 10, 23)

    B. LocalDate.newInstance(2023, 10, 23)

    C. LocalDate.create(2023, 10, 23)

    D. LocalDate(2023, 10, 23)

10. LocalTime 对象包含哪些信息？（　　）

    A. 日期和时区　　　　　　　　　　B. 日期和时间

    C. 只有时间部分　　　　　　　　　　D. 时间和时区

二、编程题

1. 编写一个程序，实现字符串大小写的转换并倒序输出，要求如下。

（1）使用 for 循环将字符串 HelloJava 从最后一个字符开始遍历。

（2）遍历某个字符串，将所有小写字母转换为大写字母并输出。

（3）定义一个 StringBuffer 对象，调用 append()方法依次添加遍历的字符，最后调用 String Buffer 对象的 toString()方法，并将得到的结果输出。

2. 利用 Random 类产生 10 个 10～50 的随机整数。

3. 计算距离今天 100 天之后与 100 天之前的日期。

项目9
词频统计——集合框架类

09

情景导入

作为一位大学生，张思睿渴望扩展自己的国际视野，深入了解海外新闻报道中的信息，以便及时把握全球热点新闻和焦点事件。为了更有效地进行分析，他计划编写一个程序，用于统计英文文章中关键词的词频，并按照词频降序排列，以便快速把握文章主题。他通过思维导图仔细整理了之前所学知识，但仍未找到理想的解决方案。因此，他决定向胡老师寻求帮助。

胡老师帮他进行了分析：一篇英文文章是由很多单词组成的，现在需要统计每个单词和它出现的次数，需要存储的是一对数据：单词和次数，为此可以使用集合框架中的 Map 集合。在 Map 集合中，数据的存放采用 key-value（键值对）的形式，用单词作为 key，用词频作为 value，最后根据 value 的值进行降序排列即可。

Java 的集合框架类是用于存储、组织和操作数据的很实用的类库，为开发人员提供了丰富的数据结构和算法，能够方便地存储、组织和操作数据，是 Java 编程中非常重要的一部分。下面让我们一起学习集合框架类吧！

项目目标

- 了解 Java 集合框架类的体系。
- 掌握 List 集合的特点及其应用。
- 掌握集合中泛型的应用。
- 掌握集合框架的遍历迭代访问方法。
- 掌握 Set 集合的特点及其应用。
- 掌握 Map 集合的特点及其应用。
- 掌握 Collections 类对集合的常用操作。
- 培育爱国情怀，培养数据分析思维。

知识储备

任务 9.1　认识集合框架类

利用 Java 开发应用程序时，如果需要存储多个相同类型的数据，可以使用数组来实现，但数组存在一旦定义长度不能变化、无法获取数组中实际存储的数据个数、插入或删除代码烦琐等问题。针对数组的缺陷，Java 提供了比数组更灵活、更实用的类。这些类的对象长度可变、可存放任意类型的数据。这些类位于 java.util 包中，称为集合框架。使用集合框架来存储、处理数据可以大大提高软件的开发效率。

Java 集合框架提供了一套性能优良、使用方便的接口和类，支持开发中使用的绝大多数数据结构。Java 集合框架体系如图 9-1 所示。

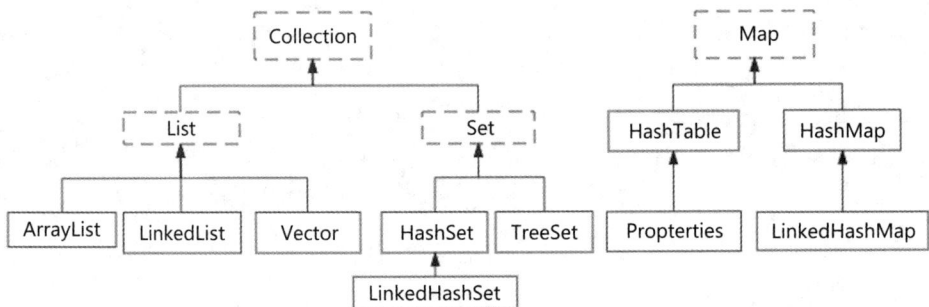

图 9-1　Java 集合框架体系

Java 集合框架按照其存储结构可以分为两大类，即单列集合 Collection 和双列集合 Map。图 9-1 中的虚线框表示接口或者抽象类，实线框表示开发中常用的类。接下来介绍 Collection、Map 接口及其常用的子类。

任务 9.2　Collection 接口

Collection 是所有单列集合的父接口，此接口中定义了单列集合通用的一些方法。表 9-1 列出了其中的一些常用方法。

表 9-1　Collection 接口的常用方法

方法	功能
boolean add(Object o)	向集合中添加一个对象
boolean contains(Object o)	如果集合中包含指定对象，那么返回 true
boolean remove(Object o)	删除集合中指定的对象
int size()	返回该集合中对象的个数
Object[ ] toArray()	这个方法是集合和数组转化的"桥梁"
Iterator<Object o> iterator()	返回对此集合的对象进行迭代的迭代器

表 9-1 列举了 Collection 接口的一些常用方法，读者可借助 Java API 官方文档查询某一方法的具体用法。

任务 9.3　List 接口

List 接口是有序的 Collection 子接口，使用此集合的用户能够精确控制每个对象插入的位置。用户能够使用索引（对象在 List 接口中的位置）来访问 List 集合中的对象，这类似于前文学习的数组。

9.3.1　List 接口简介

List 接口是 Collection 接口的重要分支之一，代表有序集合。List 集合中对象的存入顺序和取出顺序一致。在 List 集合（列表）中可以存放重复的对象，所有对象以线性方式存储。

除了继承父接口 Collection 的一些方法，List 接口还增加了一些与顺序有关的常用方法，如表 9-2 所示。

表 9-2　List 接口的常用方法

方法	功能
void add(int index, Object o)	在列表的指定位置插入指定对象
int indexOf(Object o)	返回此列表中第一次出现的指定对象的索引。如果此列表不包含该对象，则返回 −1
Object remove(int index)	移除列表中指定位置的对象
Object set(int index, E element)	用指定对象替换列表中指定位置的对象
Object get(int index)	返回列表中指定位置的对象
Object[ ] toArray()	返回按适当顺序包含列表中的所有对象的数组

9.3.2　ArrayList 集合

List 接口常用的实现类有 ArrayList、LinkedList 和 Vector。在 ArrayList 集合内部封装了一个长度可变的数组，当存入的对象个数超过数组长度时，ArrayList 集合会在内存中分配一个更大的数组来存储这些对象。所以经常称 ArrayList 集合为动态数组。

微课 9-1

ArrayList 的基本使用

ArrayList 集合从父接口 List 中继承了很多方法，可用于操作数据，接下来通过一个例题展示 ArrayList 集合对数据的操作。

【例 9-1】使用 ArrayList 集合管理班级的花名册。

【例题分析】

对花名册的管理包括名字的添加、查找、删除、修改等基本操作，为方便操作，选用 ArrayList 集合的对象进行数据存储。ArrayList 集合提供了对应的操作方法。

【程序实现】

```
package examples;
import java.util.ArrayList;
```

```java
public class Example9_1 {

    public static void main(String[] args) {
        ArrayList list = new ArrayList();
        list.add("张三丰"); // (1)元素的添加
        list.add("郭靖");
        list.add("黄蓉");
        list.add("杨康");
        list.add("黄蓉");
        // (2)输出集合中的数据
        System.out.println("原始信息如下: ");
        showInfo(list);
        // (3)判断集合中是否包含"小龙女"
        System.out.print("查找小龙女的信息: ");
        boolean flag = list.contains("小龙女");
        if (flag)
            System.out.println("小龙女在名单中");
        else
            System.out.println("小龙女不在名单中");
        // (4)将集合中的第一个黄蓉替换为李莫愁
        int index = list.indexOf("黄蓉");
        if (index != -1)
            list.set(index, "李莫愁");
        System.out.println("替换后的最新信息如下: ");
        showInfo(list);
        // (5)删除集合中的"杨康"
        if (list.contains("杨康")) {
            list.remove("杨康");
            System.out.print("杨康已删除,");
        } else
            System.out.println("班级中没有杨康的信息");
        System.out.println("最新数据如下: ");
        showInfo(list);
    }
    static void showInfo(ArrayList list) {// (6)输出集合中的数据
        for (int i = 0; i < list.size(); i++)
            System.out.print(list.get(i) + "\t");
        System.out.println();
    }
}
```

【运行结果】

原始信息如下:
张三丰　　郭靖 黄蓉 杨康 黄蓉
查找小龙女的信息: 小龙女不在名单中
替换后的最新信息如下:
张三丰　　郭靖 李莫愁　　杨康 黄蓉
杨康已删除,最新数据如下:
张三丰　　郭靖 李莫愁　　黄蓉

　　在上面的例题中,注释（1）部分的 add()方法进行了对象的添加,重复的数据可以成功添加。

自定义方法 showInfo()中对象集合的访问是通过索引进行的，size()方法获取的是集合中实际存放的对象个数。运行结果可以看出，对象的获取顺序与添加顺序一致。

在 Eclipse 中编译文件 Example9_1.java 时，会显示图 9-2 所示的警告信息，提示在使用 ArrayList 集合时没有指定集合中存储什么类型的对象，可能产生安全隐患，建议使用泛型这一安全机制来约束集合中的对象类型。接下来的任务 9.4 会介绍泛型的应用。

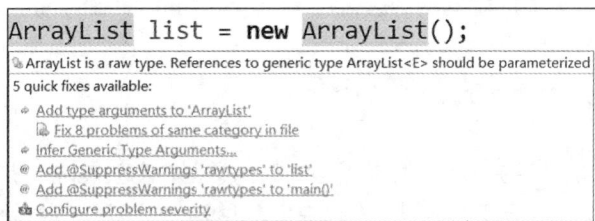

```
ArrayList list = new ArrayList();
```
ArrayList is a raw type. References to generic type ArrayList<E> should be parameterized
5 quick fixes available:
   Add type arguments to 'ArrayList'
    Fix 8 problems of same category in file
   Infer Generic Type Arguments...
   Add @SuppressWarnings 'rawtypes' to 'list'
   Add @SuppressWarnings 'rawtypes' to 'main()'
   Configure problem severity

图 9-2　警告信息

【任务实践 9-1】　我要记单词

【任务描述】

张思睿升入大学后给自己制定了很多学习目标，其中一个就是通过全国大学英语四级考试。为此，他计划开发一个小程序，用于记录自己想要掌握的单词。

【任务分析】

根据前面所学可知，在程序中，单词可以使用 String 类型表示。为了记录很多需要记住的单词，可以使用数组或者集合来保存这些对象。因为如果使用数组存放数据在进行数据管理时代码比较烦琐，这里使用 ArrayList 集合实现。

【任务实现】

```java
import java.util.ArrayList;
import java.util.Scanner;

public class 任务实践9_1 {
    public static void main(String[] args) {
        ArrayList wordList = new ArrayList();
        Scanner scanner = new Scanner(System.in);
        System.out.println("请输入要记住的单词列表，单词之间用空格分隔");
        String words=scanner.nextLine();
        String[] ws=words.split(" ");
        for (String st:ws) {
        if(!wordList.contains(st))  // 不重复添加单词
                wordList.add(st);
        }

        System.out.println("您需要记住的单词列表包含"+wordList.size()+"个单词: ");
        for(int i=0;i<wordList.size();i++) {
            System.out.print(wordList.get(i)+" ");
        }
    }
}
```

【实现结果】

请输入要记住的单词列表，单词之间用空格分隔
work hard play hard and be happy
您需要记住的单词列表包含 6 个单词：
work hard play and be happy

本程序演示的需要记住的单词只是暂时的，程序运行结束后，wordList 所占内存空间会被释放。实现真正的"记住"功能需要借助数据的持久化技术，这可以通过文件存储、写入数据库等技术实现。

任务 9.4 泛型——钻石操作符

泛型是 JDK 1.5 增加的特性。泛型的本质是参数化类型，也就是说，所操作的数据类型被指定为一个参数，使代码可以应用于多种类型。简单说来，Java 引入泛型的好处是安全、简单，在编译时可检查类型是否安全。

通过前文的学习，读者可以了解到，集合可以存储任何类型的对象。但是，当把一个对象存入集合后，集合会"忘记"这个对象的类型；将该对象从集合中取出时，这个对象的编译类型就变成 Object 类型。换句话说，在程序中无法确定一个集合中的对象到底是什么类型的。因此，从集合中取出对象时，如果进行强制类型转换就很容易出错，如下代码所示。

```
List list = new ArrayList();
list.add("Banana");
list.add(1);
list.add("Apple");
for(int i=0;i<list.size();i++) {
    String st = (String)list.get(i);
}
```

在上面的代码中，在执行集合对象添加时，没有检查添加对象的类型。在取出时，若将它们强制转换为 String 类型，而 Integer 类型的对象是无法转换为 String 类型的，则程序在运行时会报错。为了解决这个问题，在定义集合时，可以使用"<参数化类型>"的方式指定该集合中存放的数据类型，语法格式如下。

```
ArrayList <参数化类型>  list = new ArrayList <参数化类型> ();
```

Java 7 中引入了钻石操作符，即将右侧的尖括号内空着，编译器会根据上下文自动推断泛型类型参数。例如：

```
ArrayList<String> wordList = new ArrayList<>();
```

钻石操作符的引入使得代码更加简洁，减少了冗余的类型参数，提高了代码的可读性。同时，也减少了在代码修改时需要更新类型参数的工作量。

> **注意**：钻石操作符只适用于集合的初始化操作中，不能用于方法的参数和方法的返回值中。

【例 9-2】使用泛型建立集合的安全访问机制，完成集合的安全访问。

【例题分析】

在定义 ArrayList 集合时，通过泛型约定集合中存放的对象类型。在添加对象时，编译器会对添加对象的类型进行检查，对于不符合泛型约束的对象，将在编译时报错，避免程序在运行时报错。

【程序实现】

```java
import java.util.ArrayList;
import java.util.List;
public class Example9_2 {
    public static void main(String[] args) {
        List<String> list = new ArrayList<>();
        list.add("Banana");
        // list.add(1);//添加不符合泛型约束的对象，编译报错
        list.add("Apple");
        for (int i = 0; i < list.size(); i++) {
            String st = list.get(i);
            System.out.println(st);
        }
    }
}
```

【运行结果】

```
Banana
Apple
```

在集合中使用泛型只是泛型多种应用中的一种。在接口、类、方法等方面，泛型也得到了广泛应用，这里不展开介绍。

使用泛型的主要目的是保证 Java 程序的类型安全和复用性。如果说面向对象的使用是在从上至下的纵向维度实现了代码复用，那么泛型的使用则实现了横向维度的代码复用。读者在进行软件开发时要善于使用面向对象和泛型的编程思想，以编写高质量软件。

任务 9.5 Iterator 接口

在进行 Java 程序开发时，经常需要遍历 Collection 集合中的所有对象。针对这种需求，JDK 专门提供了 Iterator（迭代器）接口。使用 Iterator 接口对应的迭代器可以非常方便地实现集合对象的遍历。Iterator 接口的主要方法如表 9-3 所示。

微课 9-2

Iterator 迭代器

表 9-3　Iterator 接口的主要方法

方法	功能
boolean hasNext()	如果仍有对象可以迭代，则返回 true
E next()	返回迭代的下一个对象
void remove()	在迭代器指向的集合中移除迭代器返回的最后一个对象

【例 9-3】 一个 List 集合中存放着一些水果的英文单词，请使用 Iterator 接口遍历、输出集合的内容。

【例题分析】

对于有序的 Collection 集合 List，可以使用索引通过 get()和 size()方法来访问集合中的对象。另外，也可以使用迭代器进行迭代访问，首先使用 Collection 集合提供的 iterator()方法获取迭代器，然后使用 hasNext()方法判断是否存在下一个可访问的对象，最后使用 next()方法返回要访问的下一个对象。

【程序实现】

```java
import java.util.ArrayList;
import java.util.Iterator;
import java.util.List;
public class Example9_3 {
    public static void main(String[] args) {
        List<String> list = new ArrayList<>();
        list.add("Banana");
        list.add("Apple");
        list.add("Orange");
        Iterator  iterator = list.iterator();
        while (iterator.hasNext()) {
            String s = (String)iterator.next();
            System.out.println(s);
        }
    }
}
```

【运行结果】

```
Banana
Apple
Orange
```

对于上面的程序，在使用迭代器访问 List 集合时，可以对迭代器使用泛型进行约束。使用泛型后，获取对象时就可以不再进行强制类型转换，上面的输出代码可以优化为：

```java
Iterator<String> iterator = list.iterator();
while (iterator.hasNext()) {
    String s = iterator.next();
    System.out.println(s);
}
```

在使用迭代器访问 Collection 集合时，可以对集合中的对象进行增、删、改、查等各种操作，但是如果调用了集合对象的 remove()方法来管理对象，在删除或添加对象后继续使用迭代器遍历集合则会出现异常。下面的程序演示了这种异常。

【例 9-4】 一个集合中存放了某班学生的姓名，请将名为杨康的学生删除。

【例题分析】

对于有序的 Collection 集合 List，可以使用索引或者迭代器进行访问。下面尝试使用迭代器遍历集合，通过集合的删除方法删除对象，观察可能遇到的异常。

【程序实现】

```java
import java.util.ArrayList;
import java.util.Iterator;
public class Examples9_4 {
    public static void main(String[] args) {
```

```
        ArrayList<String> list = new ArrayList<String>();
        list.add("张三丰");
        list.add("郭靖");
        list.add("杨康");
        list.add("黄蓉");
        list.add("小龙女");
        Iterator<String> it = list.iterator();
        while(it.hasNext()) {
            String st = it.next();
            if(st.equals("杨康"))//删除
                list.remove(st);
        }
        System.out.println(list);
    }
}
```

【运行结果】

运行程序时产生异常，异常信息如图 9-3 所示。

```
Exception in thread "main" java.util.ConcurrentModificationException
        at java.util.ArrayList$Itr.checkForComodification(Unknown Source)
        at java.util.ArrayList$Itr.next(Unknown Source)
        at examples.Examples9_4.main(Examples9_4.java:17)
```

图 9-3　异常信息

上述程序在执行时产生了并发修改异常 "ConcurrentModificationException"，产生这个异常的原因是集合中删除了对象，导致迭代器预期的迭代次数发生改变，从而使迭代的结果不准确。为了解决上述异常，使用迭代器本身封装的删除方法，将上述删除的代码修改为：

```
if(st.equals("杨康"))//删除
    it,remove();
```

对于上述的删除操作，也可以通过索引遍历集合的方式实现，对应的实现方法如下。

```
for(int i=0;i<list.size();i++) {//使用索引进行访问
    String st = list.get(i);
    if(st.equals("杨康")) //删除
            list.remove(i);
}
```

上面删除的对象在集合中都是唯一的，但 List 集合可以存放重复对象，所以存在对集合中的重复对象进行删除的情况，请读者尝试编程实现。

【任务实践 9-2】　管理单词列表

【任务描述】

在任务实践 9-1 中，张思睿借助 wordList 存储了要学会的单词列表，经过努力，他记住了一些单词，现在想把它们从单词列表中删除，请编写程序实现这一功能。

【任务分析】

使用集合的 remove()方法或者迭代器的 remove()方法均可将单词集合中的单词删除。

【任务实现】

```
public class 任务实践9_2 {
```

```java
    public static void main(String[] args) {
        ArrayList<String> wordList = new ArrayList<>();
        Scanner scanner = new Scanner(System.in);
        // 创建单词列表
        System.out.println("请输入要记住的单词列表，单词之间用空格分隔:");
        String words = scanner.nextLine();
        String[] ws = words.split(" ");
        for (String st:ws) {
        if(!wordList.contains(st))// 不重复添加单词
                wordList.add(st);
        }

        // 记单词，将记住的单词从单词列表中删除，同时加入学会的单词列表
        ArrayList<String> getWords = new ArrayList<>();
        while (true) {
            System.out.println("您目前需要记住的单词列表: ");
            showWordsList(wordList);
            System.out.println("请输入记住的单词，学习结束请输入 q:");
            String inputWord = scanner.nextLine();
            if (inputWord.equalsIgnoreCase("q"))
                break;
            wordList.remove(inputWord);
            getWords.add(inputWord);
        }
        // 输出已经记住的和未记住的单词列表
        System.out.println("您已经记住的单词列表: ");
        showWordsList(getWords);
        System.out.println("您还未记住的单词列表: ");
        showWordsList(wordList);
    }

    static void showWordsList(ArrayList<String> wordList) {
        Iterator<String> it = wordList.iterator();
        while(it.hasNext()) {
            System.out.print(it.next()+" ");
        }
        System.out.println();
    }
}
```

【实现结果】

请输入要记住的单词列表，单词之间用空格分隔
work hard play hard and be happy
您目前需要记住的单词列表:
work hard play and be happy
请输入记住的单词，学习结束请输入 q:
work
您目前需要记住的单词列表:
hard play and be happy

```
请输入记住的单词，学习结束请输入 q：
hard
您目前需要记住的单词列表：
play and be happy
请输入记住的单词，学习结束请输入 q：
q
您已经记住的单词列表：
work hard
您还未记住的单词列表：
and play be happy
```

任务 9.6　foreach 循环

从 JDK 1.5 开始提供了 foreach 循环，也叫增强的 for 循环。使用 foreach 循环可以遍历数组或集合中的对象，它其实是一个迭代器。在遍历的过程中，不能对集合中的对象进行增、删操作。

foreach 循环的语法格式如下。

```
for(集合中对象的类型  变量名称：集合){
        执行语句；
}
```

与前面所学的遍历方式不同，foreach 循环不需要获取集合的长度，也不需要根据索引访问集合中的对象，它会自动遍历集合中的每个对象。

【例 9-5】一个集合中存放了某班学生的姓名，请使用 foreach 循环遍历并输出。

【例题分析】

使用 List 集合存放该班的学生名单，然后借助 foreach 循环进行遍历并输出。

【程序实现】

```
import java.util.ArrayList;
public class Example9_5 {
    public static void main(String[] args) {
        ArrayList<String> list = new ArrayList<String>();
        list.add("张三丰");
        list.add("郭靖");
        list.add("杨康");
        for (String st : list) // 使用 foreach 循环遍历集合
            System.out.println(st);
    }
}
```

【运行结果】

```
张三丰
郭靖
杨康
```

从上面的例题可以看出，foreach 循环在遍历集合时的语法非常简洁，没有循环条件，也没有迭代语句，所有这些工作都交给 JVM 执行。

> **注意：** 在对数组或者集合进行操作时，foreach 循环因为不能对集合进行插入、删除等操作，所以是不能完全代替 for 循环的。

任务 9.7　Set 接口

Set 接口类型的对象是一种不包含重复数据的 Collection 接口对象。更确切地讲，Set 集合不包含满足 e1.equals(e2) 的对象对 e1 和 e2，并且最多包含一个 null 对象。正如其名称所示，Set 接口模仿了数学上的集合。

9.7.1　Set 接口简介

如图 9-1 所示，Set 接口是 Collection 接口的另外一个常用的子接口。以 Set 接口为根接口的 Set 集合具有以下特点。Set 集合中的对象是无序的，即对象的添加顺序和访问顺序不是一致的。Set 集合中的对象并不按特定的方式排序，并且都会以某种规则保证存入的对象不出现重复。也就是说，Set 集合中存放的数据是唯一的、无序的。Set 集合与 List 集合存取对象的方式类似，可查阅 Java API 官方文档获取。

微课 9-3

Set 集合的基本使用

Set 接口主要有两个实现类，分别是 HashSet 和 TreeSet 集合。其中，HashSet 集合根据对象的哈希值来确定对象在集合中的存储位置，因此具有良好的存取和查找性能。接下来将对 HashSet 集合进行详细的介绍。

9.7.2　HashSet 集合

HashSet 集合是 Set 接口的一个实现类，它所存储的对象是不重复的，并且都是无序的。当向 HashSet 集合添加一个对象时，首先调用该对象的 hashCode()方法确定对象的存储位置。必要时再调用对象的 equals()方法确定该位置没有重复对象。接下来通过一个例题演示 HashSet 集合的用法。

【例 9-6】一个 HashSet 集合中存放着一些水果的英文单词，请遍历输出集合的内容。

【例题分析】

水果的英文单词使用的数据类型为 String 类型，String 类型已经重写了 equals()方法和 hashCode()方法，为此可以直接使用 HashSet 集合存放这些水果的英文单词。

另外，因为 Set 集合是无序的，它不同于 List 集合，不可以使用索引来遍历，所以对 Set 集合的访问可以使用 Iterator 接口进行或者 foreach 循环进行。

【程序实现】

```java
import java.util.HashSet;
import java.util.Set;
public class Example9_6 {
    public static void main(String[] args) {
        Set<String> set = new HashSet<>();  // 使用泛型约束集合中的对象类型
        set.add("Banana");
        set.add("Apple");
        set.add("Orange");
        set.add("Apple");              // 重复的对象添加失败
        for (String st : set)          // 遍历到的对象顺序与添加顺序不一致
            System.out.println(st);
    }
}
```

【运行结果】

```
Apple
Orange
Banana
```

从上面的程序可以发现，对集合遍历取出对象的顺序与添加对象的顺序并不一致。另外，在 HashSet 集合中不能添加重复对象，因此第二次添加"Apple"失败了。

那么，HashSet 集合是如何做到不添加重复对象的呢？当调用 HashSet 集合的 add()方法添加对象时，首先调用当前存入对象的 hashCode()方法获得该对象的哈希值，然后根据对象的哈希值计算并映射一个存储位置。如果该位置上没有对象，表示该对象是唯一的，则直接将对象存入。如果该位置上有对象，则调用 equals()方法，对当前存入的对象和该位置上的对象进行比较。如果返回的结果为 false，则再次计算其哈希值，映射一个内存地址，将该对象存入集合；如果返回的结果为 true，说明集合中有重复对象，则将该对象舍弃，添加失败。在 HashSet 集合中存储对象的流程如图 9-4 所示。

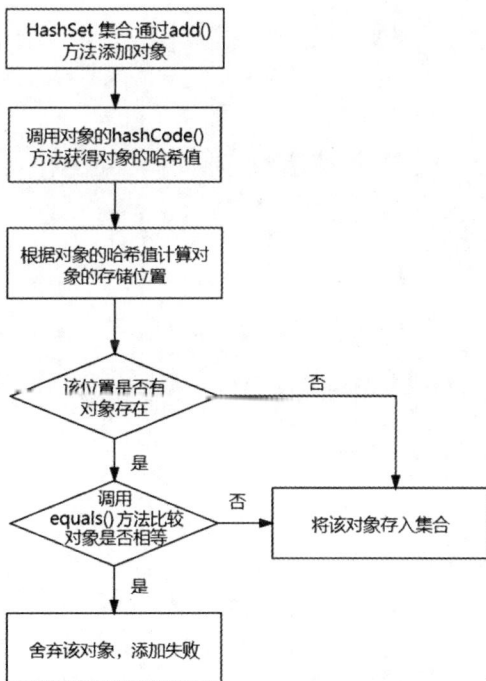

图 9-4 在 HashSet 集合中存储对象的流程

从上面的分析可以看出，当向集合存入对象时，为了保证 HashSet 集合正常工作，要求添加对象所属的类必须重写 hashCode()和 equals()方法，特别是在添加自定义类的对象时，一定要保证自定义类重写了 hashCode()和 equals()方法。

【任务实践 9-3】 简单的学生成绩统计分析

【任务描述】

Java 程序设计是电子信息大类相关专业的核心课程，学习一段时间后，胡老师对本班的 Java

课程进行了一次测验，她想快速分析本班的学习成绩，从而知道教学效果，请跟她一起来实现吧！

【任务分析】

本任务中需要存放的学生数据包括学生的个人信息及其对应的成绩信息，为此借用面向对象的思想，封装学生类 Student，包含学号、姓名和 Java 成绩等属性。将多个学生对象的数据存入列表，然后对列表中的数据进行访问，即可实现统计分析和管理。

【任务实现】

① 封装学生类 Student。

```java
public class Student {
    private String num,name;
    private double score;
    ……//此处省略了 Student 类的构造方法和 getter、setter 方法
    @Override
    public int hashCode() {
        final int prime = 31;
        int result = 1;
        result = prime * result + ((num == null) ? 0 : num.hashCode());
        return result;
    }
    @Override
    public boolean equals(Object obj) {
        if (this == obj)
            return true;
        if (obj == null)
            return false;
        if (getClass() != obj.getClass())
            return false;
        Student other = (Student) obj;
        if (num == null) {
            if (other.num != null)
                return false;
        } else if (!num.equals(other.num))
            return false;
        return true;
    }
    @Override
    public String toString() {
        return "Student [id=" + num + ", name=" + name + ", score=" + score + "]";
    }
}
```

② 编写测试类，实现成绩分析。

```java
import java.util.ArrayList;

public class 任务实践9_3 {
    public static void main(String[] args) {
        ArrayList<Student> list = new ArrayList<Student>();
        list.add(new Student("101","张思睿",85));
        list.add(new Student("102","王青青",95));
        list.add(new Student("103","李明哲",78));
```

```
        list.add(new Student("105","韩美华",88));
        list.add(new Student("107","陈洪凯",92));
        // 1.查找学号为"103"的学生信息
        Student temp = new Student();
        temp.setNum("103");
        if(list.contains(temp)) {
            int index = list.indexOf(temp);
            System.out.println("103 号学生的信息如下: "+list.get(index));
        }else
            System.out.println("查无此人");
        // 2.计算本门课程的平均分，查找本门课程的最低分和最高分
        double sum=0,maxScore=Double.MIN_VALUE,minScore=Double.MAX_VALUE;
        for(Student st:list) {
            sum+=st.getScore();
            if(maxScore<st.getScore())
                maxScore=st.getScore();
            if(minScore>st.getScore())
                minScore=st.getScore();
        }
        double avg=sum/list.size();
        System.out.printf("班级平均分: %.2f, 最高分: %.2f, 最低分: %.2f",avg,maxScore,
minScore);
    }
}
```

【实现结果】

```
103 号学生的信息如下: Student [id=103, name=李明哲, score=78.0]
班级平均分: 87.60, 最高分: 95.00, 最低分: 78.00
```

　　需要注意的是，在上述程序中，为了利用集合类的 contains()和 indexOf()方法来查找对象，在封装 Student 类时重写了 equals()和 hachCode()方法，否则集合类的 contains()和 indexOf()方法将无法正常使用。

【任务实践 9-4】 抽取中奖号码

【任务描述】

　　在某商品促销活动现场，主持人为活跃现场气氛，将从现场的 100 名观众中随机抽取 10 名幸运观众，送出纪念礼品。每位观众手持一张号码牌，号码牌上有一个 1～100 的数字。请编写程序抽取 10 个中奖号码。

【任务分析】

　　要从 100 个号码中选取 10 个不重复的号码作为中奖号码，可以采用产生随机数的方式得到 10个 1～100 的随机数作为 10 个中奖号码，然后用一个容器来存放这部分号码。因为往容器中添加号码时要避免重复，而上面介绍的 HashSet 集合可以实现高效的数据查找，避免重复数据的添加，所以本任务实践使用 HashSet 集合保存中奖号码。

【任务实现】

```
import java.util.ArrayList;
import java.util.Collections;
```

```
import java.util.HashSet;
import java.util.List;
import java.util.Random;
public class 任务实践9_4 {
    public static void main(String[] args) {
        Random random = new Random();
        HashSet<Integer> luckyViewers = new HashSet<>();
        while (luckyViewers.size() < 10) {
            int number = random.nextInt(100) + 1;
            luckyViewers.add(number);
        }
        List<Integer> ll = new ArrayList<Integer>(luckyViewers);
        Collections.sort(ll);
        System.out.println("中奖号码是: " + ll);
    }
}
```

【实现结果】

中奖号码是: [3, 5, 11, 15, 43, 48, 56, 77, 88, 92]

上述程序使用 HashSet 集合保存中奖号码，高速、简洁地实现了任务要求。使用 ArrayList 集合也可以实现上述功能，请读者自行编写，并与上面的程序对比，体会 List 集合与 Set 集合的特点及适用场合。

任务 9.8　Map 接口

如图 9-1 所示，Map 集合是与 Collection 集合相对的另外一个集合体系。Map 集合对象提供键到值的映射，一个映射不能包含重复的键，每个键最多只能映射到一个值。

微课 9-4

Map 集合的基本使用

9.8.1　Map 接口简介

Map 集合是一种双列集合，Map 集合中存放的每个对象都包含一对键（key）-值（value）（简称 key-value 对），提供 key 到 value 的映射。Map 集合中的 key 不要求有序，不允许重复。访问 Map 集合中的对象时，只需要指定 key，就能找到对应的 value。从图 9-1 可以看出，Map 接口是 Map 集合的根接口。表 9-4 列出了 Map 接口的常用方法。

表 9-4　Map 接口的常用方法

方法	功能
void put(Object key, Object value)	将相互关联的一个 key-value 对放入集合。如果此映射已包含 key 的映射关系，则用 value 替换旧值
boolean containsKey(Object key)	如果此映射包含指定 key 的映射关系，则返回 true
boolean containsValue(Object value)	如果此映射将一个或多个 key 映射到指定 value，则返回 true
Set<K> keySet()	返回此映射中包含的 key 的 Set 视图
Collection<V> values()	返回映射中包含的 values 的 Collection 视图
Set<Map.Entry<K,V>> entrySet()	返回此映射中包含的映射关系的 Set 视图

方法	功能
V remove(Object key)	如果存在一个 key 的映射关系，则将其从此映射中移除
V get(Object key)	返回指定 key 所映射的 value；如果此映射不包含该 key 的映射关系，则返回 null
int size()	返回此映射中的 key-value 对数

使用这些方法可以方便地对 Map 集合中的数据进行增、删、改、查等操作。

Map 接口提供了大量的实现类，典型的有 HashMap 和 HashTable 集合等。HashMap 集合的子类有 LinkedHashMap，HashTable 集合的子类有 Properties 等。

9.8.2 HashMap 集合

HashMap 集合是 Map 接口的一个实现类，它用于存储 key-value 对的映射关系，其优点是查询指定对象的效率高。接下来通过一个例题介绍 HashMap 集合的基本使用方法。

【例 9-7】使用 HashMap 集合存放某班学生的名单（含学号、姓名），并输出其内容。

【例题分析】

HashMap 集合中存放的是 key-value 对的映射关系，Map 集合要求 key 不能重复，为此设置学号作为 key，姓名作为 value。

【程序实现】

```java
import java.util.HashMap;
import java.util.Iterator;
import java.util.Map;
import java.util.Set;
public class Example9_7 {
    public static void main(String[] args) {
        Map<String, String> map = new HashMap<>();
        map.put("101", "张三丰");
        map.put("102", "郭靖");
        map.put("103", "黄蓉");
        System.out.print("调用 HashMap 的 toString()方法输出: ");
        System.out.println(map);
        map.put("102", "杨康");
        System.out.println("再次添加后使用 keySet()和 get()方法访问: ");
        Set<String> keySet = map.keySet();
        Iterator<String> it = keySet.iterator();
        while(it.hasNext()) {
            String key = it.next();
            String value=map.get(key);
            System.out.println(key+":"+value);
        }
    }
}
```

【运行结果】

调用 HashMap 的 toString()方法输出: {101=张三丰, 102=郭靖, 103=黄蓉}
再次添加后使用 keySet()和 get()方法访问:

```
101:张三丰
102:杨康
103:黄蓉
```

从运行结果可以看出，使用 Map 接口时也可以使用泛型进行类型约束，使用 Map 接口的 put() 方法可以向集合添加对象。如果原来存在 key 的映射关系，则再次添加后会用新的 value 替换旧的。

在遍历、输出各元素时，首先使用 HashMap 集合的 toString() 方法进行输出，但这种访问方式不方便对每一个 key-value 对进行操作；使用 keySet() 方法获取所有 key 的集合，通过迭代器或者 foreach 循环遍历集合的每一个对象，即 HashMap 集合中的每一个 key；最后通过 Map 接口的 get() 方法，根据 key 获取对应的 value。另外，例题中的 Map 对象也可以通过下面的方式遍历。

```
Set<Entry<String, String>> entrySet = map.entrySet();
Iterator<Entry<String, String>> it = entrySet.iterator();
while(it.hasNext()) {
    Entry<String, String> entry = it.next();
    String key = entry.getKey();
    String value = entry.getValue();
    System.out.println(key+":"+value);
}
```

上面的代码展示的是另外一种遍历 Map 集合的方式，首先调用 map 对象的 entrySet() 方法获得存储在 Map 接口中所有 key-value 对的 Set 集合。这个集合中存放了 Map.Entry 类型（Entry 是 Map 内部接口）的对象，每个 Map.Entry 对象代表 Map 集合中的一个 key-value 对，然后迭代访问该 Set 集合，获得每一个 key-value 对，并调用 Entry 对象的 getKey() 和 getValue() 方法获取映射中的 key 和 value。

任务 9.9 Collections 类

Collections 类是 Java 提供的一个集合操作工具类。它包含大量的静态方法，用于实现对集合对象的排序、查找和替换等操作。其中，排序是对集合进行的常见操作。Collections 类提供了如下两个静态方法进行集合对象的排序。

1. public static void sort(List<T> list)排序方法

public static void sort(List<T> list) 排序方法根据对象的自然顺序对指定列表按升序排列，参数 list 是要排序的列表。使用此方法的前提是，列表中的所有对象所属类都必须实现 Comparable 接口，列表中的所有对象都必须是可相互比较的（也就是说，对于列表中的任何 e1 和 e2 对象，e1.compareTo(e2) 不得抛出 ClassCastException 异常）。该排序方法是一个经过修改的合并排序方法，具有稳定性。

2. public static void sort(List<T> list,Comparator c) 排序方法

public static void sort(List<T> list,Comparator c) 排序方法根据指定比较器产生的顺序对指定列表进行排序，参数 list 是要排序的列表，参数 c 是确定列表顺序的比较器。使用此方法的前提是，列表中的所有对象都必须可使用指定比较器相互比较（也就是说，对于列表中的任意 e1 和 e2 对象，c.compare(e1,e2) 不得抛出 ClassCastException 异常）。此排序方法是经过修改的合并排序方法，可提供稳定排序。

为了使用上述两个方法，必须让列表中对象的所属类去实现 Comparable 接口，或者自定义类实现 Comparator 接口，以定义比较器。下面分别介绍 Comparable 接口和 Comparator 接口。

9.9.1　Comparable 接口

Comparable 接口可强行对实现它的每个类的对象进行整体排序，这种排序称为类的自然排序。实现此接口的对象列表（或数组）可以通过 Collections.sort()和 Arrays.sort()方法进行自动排序。

Java.lang.Comparable 接口中只包含一个 compareTo()方法，其语法格式如下。

```
public int compareTo(T o)
```

compareTo()方法用于比较此对象与指定对象 o（T 表示 o 的类型）的顺序，如果该对象小于、等于或大于指定对象，则分别返回负整数、零或正整数。

下面通过例题介绍通过 Collections.sort()方法使用 Comparable 接口实现集合对象排序的方法。

微课 9-5

Collections.sort
(ListT list) 方法的
应用

【例 9-8】一个 List 集合中存放着一些水果的英文单词，请按字母顺序对其进行排序并输出。

【例题分析】

水果单词在程序中使用 String 类表示。因为 String 类中已经重写了 public int compareTo(String anotherString)方法，将按字典顺序比较两个字符串，所以可以直接使用 Collections.sort(List<T> list)方法对 List 集合进行排序。

【程序实现】

```
import java.util.ArrayList;
import java.util.Collections;
import java.util.List;
public class Example9_8 {
    public static void main(String[] args) {
        List<String> list = new ArrayList<>();
        list.add("Banana");
        list.add("Apple");
        list.add("Orange");
        System.out.println("排序前: "+list);
        Collections.sort(list);// 对 List 集合进行排序
        System.out.println("排序后: "+list);
    }
}
```

【运行结果】

```
排序前: [Banana, Apple, Orange]
排序后: [Apple, Banana, Orange]
```

从运行结果可以看出，使用 Collections.sort()方法实现了对 List 集合中对象的自然排序。

上面例题展示的是对 List 集合中的对象进行排序，如果使用 Set 集合存放数据，那么该如何对其中的对象进行排序呢？后面将通过【任务实践 9-5】进行介绍。

9.9.2　Comparator 接口

Comparator 接口用来自定义比较器，其作用和 Comparable 接口类似，也是使用

Collections.sort()和 Arrays.sort()方法进行排序。其与 Comparable 接口的区别如下。

（1）Comparator 接口位于 java.util 包下，而 Comparable 接口位于 java.lang 包下。

（2）Comparable 接口将比较代码嵌入需要进行比较的类的自身代码中，而 Comparator 接口在一个独立的类中实现比较。

（3）如果前期类的设计没有考虑到类的对象的比较问题，而没有实现 Comparable 接口，那么后期可以通过 Comparator 接口实现比较算法进行排序，并且为使用不同的排序规则（如升序、降序）做准备。

实现 Comparator 接口自定义排序规则时，需要重写接口中的 compare()方法，该方法的语法格式如下。

```
public int compare(Object o1, Object o2)  // 返回一个整型值
```

说明：

（1）如果要按照集合中对象的某一属性值进行升序排列，则当 o1 的属性值大于 o2 的属性值时，返回 1（正数），相等则返回 0，小于则返回-1（负数）。

（2）如果要按照某一属性值降序排列，则当 o1 的属性值大于 o2 的属性值时，返回-1（负数），相等则返回 0，小于则返回 1（正数）。

【例 9-9】一个 List 集合中存放着一些水果的英文单词，请按字母顺序的相反顺序排列并输出。

【例题分析】

水果单词在程序中使用 String 类表示。因为 String 类中已经重写了 public int compareTo (String anotherString)方法，如果直接使用 Collections.sort(List<T> list)方法对 List 集合进行排序，则会按字典顺序排列。因此，需要自定义比较器实现单词的降序排列。

【程序实现】

```java
import java.util.ArrayList;
import java.util.Collections;
import java.util.Comparator;
import java.util.List;
public class Example9_9 {
    public static void main(String[] args) {
        List<String> list = new ArrayList<>();
        list.add("Banana");
        list.add("Apple");
        list.add("Orange");
        System.out.println("排序前: " + list);
        Collections.sort(list, new Comparator<String>() {//通过匿名内部类自定义比较器
            public int compare(String o1, String o2) {
                if (o1.compareTo(o2) > 0)
                    return -1;
                else if (o1.compareTo(o2) < 0)
                    return 1;
                else
                    return 0;
```

微课 9-6

Collections.sort(List T list,Comparator c) 方法的应用

```
            }
        });
        System.out.println("排序后: " + list);
    }
}
```

【运行结果】

排序前: [Banana, Apple, Orange]
排序后: [Orange, Banana, Apple]

上面重写的 compare() 方法也可以写为:

```
public int compare(String o1, String o2) {
    return o2.compareTo(o1);
}
```

在实际应用中,有时需要对集合中对象的多个属性值分别排序,这时可以定义多个比较器类,在需要排序时分别调用即可。

【任务实践 9-5】 制作旅游城市热点排行榜

【任务描述】

节假日游览祖国大好河山是越来越多年轻人的选择。有的城市拥有壮丽的自然风光,有的城市拥有丰富的文化遗产,有的城市具有特色的风土人情,还有的城市拥有多样的生态环境,那么到底去哪儿旅游呢?张思睿从某旅游网站获取了国内旅游城市的搜索数据,想对这些城市信息的热度进行统计,并把统计结果按照热度排序,制作旅游城市热点排行榜。

【任务分析】

为了将统计结果存在 Map 集合中,借用任务 9.9 介绍的 Collections 类可以对 List 集合排序,为此需要将 Map 集合转换为 List 集合。这可使用 HashMap 集合的 entrySet() 方法先获取其键值对的 Set 集合,再转换为 List 集合。定义比较器,指定比较规则,借用 Collections.sort() 方法对其进行排序即可。

【任务实现】

```
import java.util.ArrayList;
import java.util.Collections;
import java.util.Comparator;
import java.util.HashMap;
import java.util.List;
import java.util.Map;
import java.util.Map.Entry;
import java.util.Set;

public class 任务实践 9_5 {
    public static void main(String[] args) {
        String cities = "北京 重庆 西安 大连 北京 上海 西安 成都 成都 北京 北京 上海 上海 西安
苏州 成都 杭州 杭州 大连";
        Map<String, Integer> cityMap = new HashMap<>();
        String[] citiesArr = cities.split(" ");
        for (String city : citiesArr) {
            if (cityMap.containsKey(city)) {
```

```
                    int oldCount = cityMap.get(city);
                    cityMap.put(city, oldCount + 1);
                } else {
                    cityMap.put(city, 1);
                }
            }
            // 按频率降序排列
            Set<Entry<String, Integer>> set = cityMap.entrySet();
            List<Entry<String, Integer>> list = new ArrayList<>(set);
            Collections.sort(list, new Comparator<Entry<String, Integer>>() {
                @Override
                public int compare(Entry<String, Integer> o1, Entry<String, Integer> o2)
                {
                    return o2.getValue() - o1.getValue();
                }
            });
            // 输出排行榜信息
            System.out.println("旅游城市热点排行榜:");
            for (Entry<String, Integer> entry : list) {
                System.out.println(entry.getKey() + ":" + entry.getValue());
            }

        }
}
```

【实现结果】

旅游城市热点排行榜：
北京：4
成都：3
上海：3
西安：3
大连：2
杭州：2
重庆：1
苏州：1

项目分析

　　词频指的是某个给定的词语在文中出现的次数，请编写程序统计一段英文文章中每个单词的词频。

微课 9-7

英文词频统计

　　实现过程可以分为以下步骤。

　　（1）解析原文，对文本进行单词切分。可以使用 Java 的正则表达式"\\w+(\\w+)?"匹配每个单词。然后使用 Matcher 类的 group()方法获取每个单词。

　　（2）统计每个单词出现的次数。这里可以使用 HashMap 集合实现，用单词作为 key，其出现次数作为 value。

　　（3）为了按词频从高到低排序,需要将 HashMap 集合转换为 List 集合。可以使用 HashMap 集合的 entrySet()方法获取 EntrySet 集合形式，然后转换为 List 集合。再自定义 Comparator 接口的比较规则，比较 value 的大小，调用 Collections.sort()方法对 List 集合进行排序。

（4）输出排序后的结果。

项目实施

```java
import java.util.ArrayList;
import java.util.Collections;
import java.util.Comparator;
import java.util.HashMap;
import java.util.List;
import java.util.Map;
import java.util.Map.Entry;
import java.util.regex.Matcher;
import java.util.regex.Pattern;
import java.util.Set;

public class FrequencyCount {
    public static void main(String[] args) {
        Map<String, Integer> map = new HashMap<>();
        String message = "Youth is not a time of life,it's a state of mind.";
        // 1. 原文解析,使用正则表达式
        Pattern p = Pattern.compile("\\w+('\\w+)?");
        Matcher m = p.matcher(message);
        // 2. 词频统计
        while (m.find()) {
            String temp = m.group();// 获取文章的一个单词
            if (map.containsKey(temp)) {
                map.put(temp, map.get(temp) + 1);
            } else
                map.put(temp, new Integer(1));
        }
        // 3. 按词频降序排列
        Set<Entry<String, Integer>> mset = map.entrySet();
        List<Entry<String,  Integer>>  list  =  new  ArrayList<Entry<String,
Integer>>(mset);
        Collections.sort(list, new Comparator<Entry<String, Integer>>() {
            public int compare(Entry<String, Integer> o1, Entry<String, Integer> o2)
            {
                return o2.getValue() - o1.getValue();
            }
        });
        // 4. 统计结果输出
        for (Entry<String, Integer> e : list) {
            System.out.println(e.getValue() + " : " + e.getKey());
        }
    }

}
```

【运行结果】

```
2 : a
2 : of
1 : mind
1 : not
1 : it's
1 : Youth
1 : is
1 : time
1 : state
1 : life
```

本项目实现的是对英文文章的词频统计，因为英文单词是通过空格或者标点符号进行分隔的，所以通过正则表达式进行了分词。如果分析的文章是中文的，则需要利用中文分词工具对文本进行分词，比如使用 IK Analyzer、HULAC 或者 jieba，读者可以查阅相关资料完成。

项目实训　简单的图书管理系统

【项目描述】

某图书馆有很多藏书，为了方便管理，需要设计一个图书管理系统，实现图书的添加、删除、修改和查询等功能，请使用集合类实现这个简单的图书管理系统。

微课 9-8

简单图书管理系统

【项目分析】

使用面向对象的思想，抽象封装图书类 Book，并为其封装合适的属性和方法。

为了方便存储和操作多本图书的信息，使用集合存放图书馆的藏书，这里选用 ArrayList 集合，通过对集合中的图书进行增、删、改、查操作实现图书的管理，将它们封装成工具类——BookManagement。

编写测试类，模拟图书管理系统的增、删、改、查操作。

【项目实现】

① 封装 Book 类。

```java
public class Book {
    private String ISBN;        // 图书的 ISBN
    private String name;        // 图书的书名
    private double price;       // 图书的单价
    private String author;      // 图书的作者
    Book() {
    }
    ……//此处省略的方法: Book 类带参数的构造方法, getter、setter 和 toString()方法
    public boolean equals(Object obj) {
        // 重写 Object 类的 equals()方法, 通过 ISBN 即可判断两个对象是否为同一本书
        if (this == obj)
            return true;
        if (obj == null)
            return false;
        if (getClass() != obj.getClass())
            return false;
        Book other = (Book) obj;
```

```
        if (ISBN == null) {
            if (other.ISBN != null)
                return false;
        } else if (!ISBN.equals(other.ISBN))
            return false;
        return true;
        }
        @Override
        public int hashCode() {
            final int prime = 31;
            int result = 1;
            result = prime * result + ((ISBN == null) ? 0 : ISBN.hashCode());
            return result;
        }
    }
```

Collection 接口提供 contains()方法，用于判断集合中是否包含某个对象。此方法会调用被判断对象的 equals()方法进行比较。同样，List 接口提供 indexOf()方法，也会调用 equals()方法进行对象匹配。为了判断 Book 对象是否相等，在 Book 类中重写了 equals()方法，根据 Book 对象的 ISBN 进行判断。另外，重写 equals()方法时，也应该重写 hashCode()方法，使得等值对象有相同的哈希值。

② 编写封装类 BookManagement，使用 List 集合存放图书馆的藏书，并实现图书的增、删、改、查操作，以实现图书的基本管理，每个操作封装为一个方法。

```java
import java.util.ArrayList;
import java.util.Scanner;

public class BookManagement {
    ArrayList<Book> booList = new ArrayList<Book>(); // 存放图书馆藏书的集合

    public void findAllBooks() {
        if (booList.size() == 0) {
            System.out.println("当前图书馆为空，请重新选择! ");
            return;
        }
        System.out.println("当前图书馆中的图书信息如下: ");
        for (Book b : booList) {
            System.out.println(b);
        }
    }

    public void addBook() {
        Scanner sc = new Scanner(System.in);
        System.out.println("请输入要添加的图书的信息");
        System.out.print("ISBN:");
        String isbn = sc.next();
        System.out.print("书名:");
        String name = sc.next();
        System.out.print("单价:");
        double price = sc.nextDouble();
```

```java
        System.out.print("作者:");
        String author = sc.next();
        Book book = new Book(isbn, name, price, author);
        if (booList.contains(book)) {
            System.out.println("该书信息已存在，请重新输入！");
            return;
        }
        booList.add(book);
        System.out.println("图书入库成功！");
}

public void deleteBook() {
    Scanner sc = new Scanner(System.in);
    System.out.println("请输入要删除的图书的信息");
    System.out.print("ISBN:");
    String isbn = sc.nextLine();
    Book book = new Book();
    book.setISBN(isbn);
    if (booList.contains(book)) {
        booList.remove(book);
        System.out.println("该书出库成功！");
        return;
    }
    System.out.println("图书馆中没有该书，请重新输入！");
}

public void updateBook() {
    Scanner sc = new Scanner(System.in);
    System.out.println("请输入要修改的图书的 ISBN: ");
    System.out.print("ISBN:");
    String isbn = sc.nextLine();
    Book book = new Book();
    book.setISBN(isbn);
    if (booList.contains(book)) {
        System.out.println("请输入要修改的信息");
        System.out.print("书名:");
        String name = sc.next();
        System.out.print("单价:");
        double price = sc.nextDouble();
        System.out.print("作者:");
        String author = sc.next();
        book.setName(name);
        book.setAuthor(author);
        book.setPrice(price);
        int index = booList.indexOf(book);
        booList.set(index, book);
        return;
    }
    System.out.println("图书馆中没有该书，请重新输入！");
}
```

```
}
```

③ 编写测试类，模拟图书管理系统的增、删、改、查操作，请读者自行编写。

【实现结果】

运行结果如图 9-5 所示。

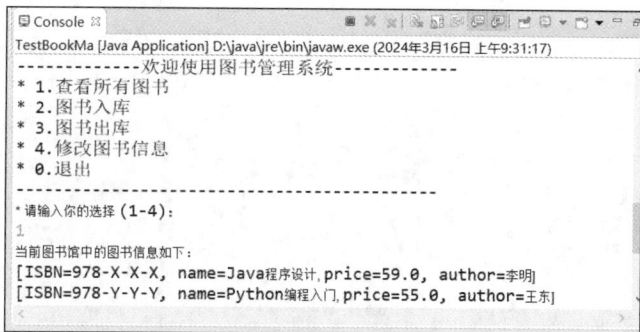

图 9-5　运行结果

项目小结

在本项目中，我们深入学习了 Java 集合框架中常用的接口和类，掌握了词频统计、热点分析等数据分析技术，培养了数据清洗和数据分析的能力。本项目的知识点如图 9-6 所示，主要包括以下内容。

List 集合，用于存储和操作有序且可重复的数据集合；Set 集合，用于存储不重复元素的集合；Map 集合，用于存储键值对的数据集合；Collections 工具类，提供了对集合常见操作的静态方法，如排序、搜索、同步等。

Java 集合框架提供了丰富的接口和实现类，读者可以根据实际需求选择合适的集合类型，更高效地管理和操作数据集合，提高软件开发效率。

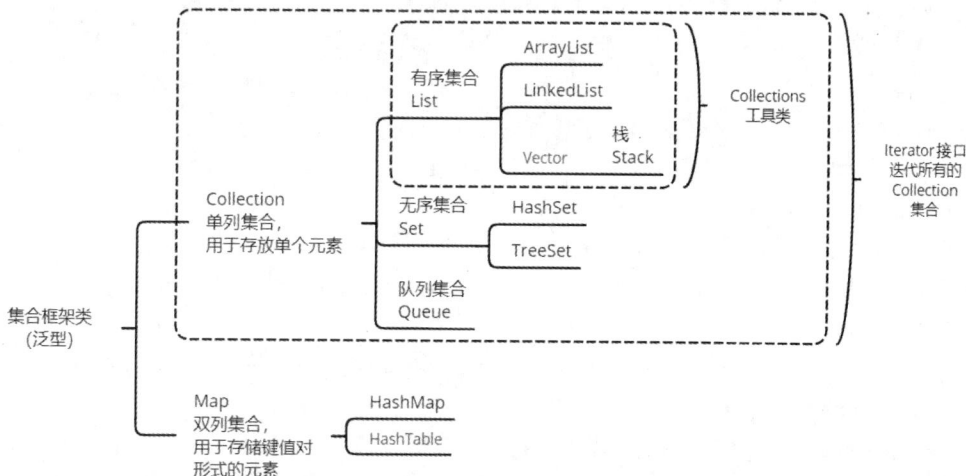

图 9-6　项目 9 的知识点

自我检测

一、选择题

1. List 接口的特点是（　　）。

    A. 不允许重复对象，对象有顺序　　　　B. 不允许重复对象，对象无顺序

    C. 允许重复对象，对象有顺序　　　　　D. 允许重复对象，对象无顺序

2. 下面程序执行后的输出是（　　）。

```
public class Demo{
  public static void main (String[] args){
      List al=new ArrayList();
      al. add("l");
      al. add("2");
      al. add("2");
      al. add("3");
      System.out.println (al);
  }
}
```

    A. [1,2,3]　　　　B. [1,2,3,3]　　　　C. [1,2,2,3]　　　　D. [2,1,3,2]

3. 下列哪项是泛型的优点？（　　）

    A. 不用进行向上强制类型转换　　　　B. 代码容易编写

    C. 类型安全　　　　　　　　　　　　D. 运行速度快

4. 创建一个只能存放 String 对象的 ArrayList 集合的语句是（　　）。

    A. ArrayList<int> al=new ArrayList<int>();

    B. ArrayList<String> al=new ArrayList<String>();

    C. ArrayList al=new ArrayList<String>();

    D. ArrayList<String> al =new List<String>();

5. 下面代码的运行结果是（　　）。

```
ArrayList<String> al = new ArrayList<String>();
al.add(true);
al.add(123);
al.add("abc");
System.out.println(al);
```

    A. 编译失败　　　　B. [true,123]　　　　C. [true,123,abc]　　　　D. [abc]

6. Set 接口的特点是（　　）。

    A. 不允许重复对象，对象有顺序　　　　B. 允许重复对象，对象无顺序

    C. 允许重复对象，对象有顺序　　　　　D. 不允许重复对象，对象无顺序

7. 实现了 Set 接口的类是（　　）。

    A. ArrayList　　　　B. HashTable　　　　C. HashSet　　　　D. Collection

8. 以下代码的执行结果是（　　）。

```
Set<String> s=new HashSet<String>();
s.add("abc");
s.add("abc");
s.add("abcd");
```

```
s.add("ABC");
System.out.println(s.size());
```

    A. 1   B. 2   C. 3   D. 4

9. 下面程序的运行结果是（　　　　）。

```java
import java.util.*;
public class TestListSet{
    public static void main(String args[]){
        List list = new ArrayList();
        list.add("Hello");
        list.add("Learn");
        list.add("Hello");
        list.add("Welcome");
        Set set = new HashSet();
        set.addAll(list);
        System.out.println(set.size());
    }
}
```

    A. 编译不通过   B. 编译通过，运行时异常

    C. 编译、运行都正常，输出 3   D. 编译、运行都正常，输出 4

10. 表示 key-value 对概念的接口是（　　　　）。

    A. Set   B. List   C. Collection   D. Map

二、程序填空题

```java
import java.util.ArrayList;
import java.util.Collections;
import java.util.List;
public class CollectionsDemo {
    public static void main(String[] args) {
        List<String> list = new ArrayList<String>(); //创建集合
        list.add("this"); //增加10个不同单词
        list.add("is");
        list.add("collection");
        list.add("test");
        // 获取集合中的最大值和最小值
        String strMax = _____  (1)
        String strMin = _____  (2)
        System.out.println("最大值: " + strMax);
        System.out.println("最小值: " + strMin);
        //按升序输出集合中的所有对象
        System.out.println("集合升序");
        // 对集合进行升序排列
        _____  (3)
        for(String st:list) {
            System.out.println(st);
        }

        System.out.println("集合降序");
        // 对集合进行降序排列
        _____  (4)
```

```
                    _____
                    _____
            _____
for(String st:list) {
    System.out.println(st);
}
    }
}
```

三、简答题

1. 简述 List、Set、Map 集合三者的区别。

2. HashSet 集合在添加对象时如何检查重复？

3. Collection 和 Collections 有什么区别？

4. 某集合数据为("Banana","Lemon","Apple","Apple","Pear","Orange")，请删除集合中所有的"Apple"。

5. 编写程序，生成 10 个 1~100 的不重复随机数。

6. 编写程序，生成 100 个 0~9 的随机数，统计每个随机数出现的次数，并按出现次数降序输出。